高素质农民培育系列读物

荣昌无刺花椒
栽培技术

RONGCHANG WUCI HUAJIAO ZAIPEI JISHU

吕玉奎　陈泽雄　主编

中国农业出版社
北　京

内容提要 NEIRONG TIYAO

　　本书共分 10 部分。在概述什么是荣昌无刺花椒的基础上，简要介绍了荣昌无刺花椒良种选育基本情况，着重介绍了荣昌无刺花椒生长结果习性、生长发育对环境条件的要求、苗木繁育技术、丰产栽培技术、管护技术、病虫害防治技术、果实采收及采收后的整形修剪，以及荣昌无刺花椒的保鲜加工与利用，最后以附录的形式对荣昌无刺花椒周年管理工作历作了归纳总结。

　　本书通俗易懂、新颖实用，既可用作乡村农民学校高素质农民科技培训和花椒种植、加工企业技术培训教材，也可供广大花椒种植户、花椒种植和加工企业员工在生产过程中学习应用，以及基层林业技术推广人员和有关科研技术人员更新知识参考。

《荣昌无刺花椒栽培技术》编委会

主　　编　　吕玉奎　　陈泽雄

副 主 编　　闫　瑞　唐　宁

参　　编　　杨文英　刘　霞　李　强

　　　　　　任　云　李会合

前　言

　　荣昌无刺花椒是重庆市荣昌区林业科学技术推广站站长吕玉奎正高级工程师主持选育的林木良种。1998年6月，吕玉奎从重庆市荣昌区吴家镇十烈社区周家大院野生竹叶花椒中发现了茎、叶柄及叶两面均无刺无毛的无刺花椒类型。为此，重庆市荣昌区林业科学技术推广站自1998年开始进行无刺花椒品种的选育工作，历时多年，选育出于2006年10月17日通过重庆市林木品种审定委员会认定的"昌州无刺花椒"林木良种（渝R－SV－ZA－001－2006）和2016年11月通过重庆市林木品种审定委员会审定的"荣昌无刺花椒"林木良种（渝S－SV－ZA－001－2016）。

　　荣昌无刺花椒茎、叶柄及叶两面均无毛且刺极少，在采收过程中不会伤手，方便采收，表现出叶片宽大，花序、果序长，果粒略大，结果期早，产量高，抗病虫害等特性，综合经济性状明显。为了更好地推广荣昌无刺花椒新品种、新技术，在重庆市林业局、重庆市科学技术局、荣昌区委组织部、荣昌区林业局的大力支持下，依托重庆市林业局重庆市科技兴林重点攻关项目"无刺花椒良种筛选及丰产栽培技术集成研究"（渝林科研2017－10）、中央林业改革发展资金科技推广示范项目"荣昌无刺花椒良种繁育及丰产栽培技术示范推广"、重庆市科学技术局重庆市市级科研院所绩效激励引导专项"荣昌无刺花椒快速繁育技术研究"（cstc2018jxjl－yftr0067）、重庆市社会事业与民

1

生保障科技创新专项"荣昌无刺花椒新品种脱毒种苗工厂化繁育关键技术研发与示范"（cstc2017shms－xdny80022）、荣昌区委组织部人才项目"无刺花椒种质资源繁育技术研究"（荣委组发〔2017〕98号－5）、荣昌区林业局存量资金项目"无刺花椒育苗及试验示范基地建设"（荣林〔2015〕179）等的研究内容，结合20多年对荣昌无刺花椒研究、生产的学术成果和生产经验，参阅国内外有关学术文献，编著了《荣昌无刺花椒栽培技术》。

在本书编著过程中，重庆市农业科学院果树研究所谢永红研究员、重庆市林业科学研究院李月文正高级工程师提出了宝贵意见，并得到了重庆文理学院、重庆市荣昌区林业局的大力支持，书中部分图表引自有关文献，在此一并致谢！

由于作者水平有限，本书遗漏、不妥之处在所难免，尚祈读者批评指正。

编著者

2020年12月

目　录

前言

荣昌无刺花椒概述

　　荣昌无刺花椒（*Zanthoxylum armatum* DC. 'Rongchang wuci huajiao'）为竹叶花椒的芽变品种，落叶灌木，树高 2.0～2.5 米，冠幅 3.0 米×3.0 米，奇数羽状复叶，对生。本芽变品种与原变种及其他变种的区别在于叶两面光滑无毛，油腺较多，茎、叶柄也无毛且刺极少；幼苗小叶常为 7 片，以后多为 5 片，小叶片极为宽大，呈长椭圆状披针形，长 5～14 厘米，宽 2.5～4 厘米（较一般种类宽大明显）；叶基两侧极不对称，中脉干后呈红褐色；聚伞状圆锥花序长 10～14 厘米，每花序花数多达 220 朵（较一般种类多）；花枝舒展，通常无毛；蓇葖果颗粒较大，果皮有极显著凸起油点；食用果果皮深绿，干后青绿色，果实成熟时红色或紫红色；心皮卵球形，直径 5～6 毫米，黑色，光亮。花果期显著提前，花期 2～4 月，果熟期 9 月；较耐寒，耐干燥，喜光，稍耐阴，生长适应性强，抗病虫害能力强。

荣昌无刺花椒良种选育

重庆市荣昌区林业科学技术推广站经过近 20 年系统的潜心试验研究，根据各镇街农户上报的优树初选数据，在同等立地、相同栽培措施的同龄初选优树中复选产量提高 10％以上的优良单株，再通过优树选择及抗逆性观察，在复选的优良单株中决选出抗病虫害能力强、长势壮、丰产稳产的荣昌无刺花椒良种。

（一）荣昌无刺花椒优树选择

1. 荣昌无刺花椒优树选择目标和选择范围

（1）**荣昌无刺花椒优树选择目标**　根据产量及产量稳定性、抗病抗虫性等综合指标，精选出抗病虫害能力强、树龄长、长势壮、丰产稳产的荣昌无刺花椒优良单株作为采穗圃的建圃材料。

（2）**荣昌无刺花椒优树选择范围**　根据各镇街农户上报的优树初选数据，在重庆市荣昌区吴家镇十烈社区 13 年生、15 年生荣昌无刺花椒园，同等立地、相同栽培措施的同龄初选优树中复选产量提高 10％以上的优良单株各 32 株；在重庆市荣昌区广顺街道李家坪村 5 年生荣昌无刺花椒园，同等立地、相同栽培措施的同龄初选优树中复选产量提高 10％以上的优良单株 36 株。复选合计 100 株。

2. 荣昌无刺花椒优树选择标准

（1）**荣昌无刺花椒优良单株选择标准**　根据农户上报的优树初选数据及室内品质分析结果，最终选用树龄、树高、冠幅、地径、产量、产量稳定性、是否间作、是否施肥、是否修枝、是否有根腐病、是否有天牛、是否有锈病、坡位、土层厚度、果形、果色、果味、挥发油、灰分、千粒重等多项指标进行评定、分析和统计，制订荣昌无刺花椒优良单株选择标准（表 2-1）。

表2-1 荣昌无刺花椒优良单株评选赋分标准

指标		赋分标准	赋分满分	实际赋分计算方法
树龄		树龄≥45年赋分100，35年≤树龄<45年赋分75，25年≤树龄<35年赋分50，树龄<25年赋分25	100	树龄
长势	树高	树高≥5.5米赋分150，4米≤树高<5.5米赋分125，2.5米≤树高<4米赋分100，树高<2.5米赋分75	150	（树高+冠幅+地径）/3
	冠幅	冠幅≥4.5米赋分150，3.5米≤冠幅<4.5米赋分125，2.5米≤冠幅<3.5米赋分100，冠幅<2.5米赋分75		
	地径	地径≥20厘米赋分150，15厘米≤地径<20厘米赋分125，10厘米≤地径<15厘米赋分100，地径<10厘米赋分75		
丰产稳产	产量	丰产性：产量≥15千克赋分200，10千克≤产量<15千克赋分150，5千克≤产量<10千克赋分100，产量<5千克赋分50（以单株鲜花椒产量计）	150	（产量+变异系数）/2
	产量稳定性	稳产性：变异系数≤20%赋分100，20%<变异系数≤40%赋分75，40%<变异系数≤60%赋分50，变异系数>60%赋分25		
经营管理	同作	同作了作物的赋分25，未同作了的赋分50（考虑了同作过程中的可能施肥和管理）	50	（同作+施肥+修枝）/3
	施肥	施肥的赋分25，未施肥的赋分50（考虑了施肥会促进其生长）		
	修枝	修枝的赋分25，未修枝的赋分50（考虑了修枝会促进其生长）		

（续）

指　标		赋分标准	赋分满分	实际赋分计算方法
抗病虫害	根腐病	有根腐病为害的赋分100，没有的赋分150	150	（根腐病＋天牛＋锈病）/3
	天牛	有天牛为害的赋分100，没有的赋分150		
	锈病	有锈病为害的赋分100，没有的赋分150		
土壤条件	坡位	山坡上部赋分50，中部赋分35，下部赋分20	75	（坡位＋土层厚度）/2
	土层厚度	土层厚度≤20厘米赋分100，20厘米<土层厚度≤40厘米赋分75，40厘米<土层厚度≤60厘米赋分50，土层厚度>60厘米赋分25		
花椒质量	果形	特级赋分100，一级赋分75，二级赋分50，三级赋分25	500	（果形＋果色＋果味）/3＋挥发油＋灰分＋千粒重
	果色	特级赋分100，一级赋分75，二级赋分50，三级赋分25		
	果味	特级赋分100，一级赋分75，二级赋分50，三级赋分25		
	挥发油	挥发油含量≥7%赋分300，5%≤挥发油含量<7%赋分200，3%≤挥发油含量<5%赋分100，挥发油含量<3%赋分50		
	灰分	灰分含量≤2.5%赋分50，2.5%<灰分含量≤3.5%赋分37.5，3.5%<灰分含量≤4.5%赋分25，灰分含量>4.5%赋分12.5		
	千粒重	千粒重≥15克赋分50，12克≤千粒重<15克赋分37.5，9克≤千粒重<12克赋分25，千粒重<9克赋分12.5		
赋分满分总和			1175	

从表2-1可以看出：荣昌无刺花椒优良单株评选评分表中的各项指标满分总和为1 175分，为了使各优良单株实际得分值看起来更直观，将荣昌无刺花椒优良单株综合得分换算为百分制（满分为100），其计算方法为：荣昌无刺花椒优良单株综合得分＝荣昌无刺花椒各项指标实际得分总和/荣昌无刺花椒各项指标赋分满分总和×100。

（2）荣昌无刺花椒果实色形味等级划分标准 为准确给荣昌无刺花椒优良单株选择标准中的果色、果形、果味赋分，必须对荣昌无刺花椒果实色形味等级进行划分，详见表2-2。

表2-2　荣昌无刺花椒果实色形味等级划分标准

项目	特级	一级	二级	三级
果色	鲜绿，均匀，有光泽	鲜绿，较均匀，有光泽	黄绿，较均匀	绿褐色，较均匀
果形	粒大，均匀，油腺密而突出	粒较大，均匀，油腺突出	果粒较大，油腺较突出	果粒较完整，油腺较稀而不突出
果味	麻味极浓烈持久，清香味浓纯正	麻味浓烈持久，芳香味浓纯正	麻味较浓持久，芳香味较浓	麻味尚浓，无异味，具香气

3. 荣昌无刺花椒优良单株选择结果

首先按照表2-2对复选的100株荣昌无刺花椒优良单株进行等级划分，再按照表2-1的各项指标对复选的100株荣昌无刺花椒优良单株进行赋分，然后按照荣昌无刺花椒优良单株综合得分计算方法计算每株的综合得分，结果为综合得分75（含）～80分的二级优良单株54株、80分以上的一级优良单株46株，决选出符合要求的一级优良单株46株。其中：广顺街道李家坪村复选5年生荣昌无刺花椒优良单株36株，决选出一级优良单株18株；吴家镇十烈社区复选13年生荣昌无刺花椒优良单株32株，决选出一级优良单株8株；吴家镇十烈社区复选 15 年生荣昌无刺花椒优良单株 32 株，决选出一级优良单株 20 株。

（二）荣昌无刺花椒抗逆性观察

最冷月 1 月进行了连续 31 天的抗冻性观察，最热月 7 月进行了连续 31 天的抗旱性和耐瘠薄情况观察。根据病虫害发生规律，4～10 月进行了连续 214 天的病虫危害观察，并对观察结果进行标记，详见表 2-3。

表 2-3　荣昌无刺花椒优良单株与九叶青花椒抗逆性观察对比

观察时间	抗冻性		抗旱性		耐瘠薄		凤蝶		蚜虫	
	荣昌无刺花椒	九叶青花椒	荣昌无刺花椒	九叶青花椒	荣昌无刺花椒	九叶青花椒	荣昌无刺花椒	九叶青花椒	荣昌无刺花椒	九叶青花椒
1 月	无冻害	无冻害								
2 月										
3 月										
4 月										
5 月										+
6 月								+		++
7 月			抗干旱	抗干旱	耐瘠薄	耐瘠薄				
8 月								+		+
9 月							+	++	+	++
10 月								+		+
11 月										
12 月										

（续）

观察时间	天牛/介壳虫		红蜘蛛		锈病/褐斑病		煤烟病/脚腐病		炭疽病	
	荣昌无刺花椒	九叶青花椒	荣昌无刺花椒	九叶青花椒	荣昌无刺花椒	九叶青花椒	荣昌无刺花椒	九叶青花椒	荣昌无刺花椒	九叶青花椒
1月										
2月										
3月										
4月		+		+						++
5月		+++		++						+++
6月		++		++						+
7月		+				+				++
8月						+++		++		+++
9月				++		++		+++		+++
10月				+++				+		++
11月										
12月										

注：最冷月1月观察抗冻性，最热月7月观察抗旱性和耐瘠薄情况。病虫害随时根据发生规律进行观察：未标注的为无、＋为轻微、＋＋为中等、＋＋＋为严重。

从表2-3可以看出，荣昌无刺花椒优良单株与九叶青花椒都保持了原种竹叶花椒的许多优良性状，如均抗冻害、抗干旱、耐瘠薄，而且荣昌无刺花椒优良单株比九叶青花椒更抗病虫害，仅发现少量凤蝶和蚜虫，未发现其他病虫危害。

通过抗逆性观察，复选的 100 株荣昌无刺花椒植株均符合抗冻害、抗干旱、耐瘠薄、抗病虫害的要求。

（三）荣昌无刺花椒良种选育情况

1998 年 6 月，选育人吕玉奎从重庆市荣昌区吴家镇十烈社区周家大院野生竹叶花椒中发现了茎、叶柄及叶两面均无刺无毛的无刺花椒类型。为此，重庆市荣昌区林业科学技术推广站自 1998 年开始进行无刺花椒品种的选育工作，历时近 20 年。通过品种比较试验、区域试验，从当地野生的竹叶花椒中选育出林木良种"荣昌无刺花椒"。该良种的茎、叶柄及叶两面均无毛且刺极少，在采收过程中不伤手，采收十分方便，大大降低了采收成本；且具有叶片宽大、花序和果序长、果粒略大、结果期早、产量高、抗病虫害能力强等特性，经济效益显著；其果皮制作的调料或提取的芳香油可除各种肉类的腥气，并具有促进唾液分泌、增加食欲、扩张血管、降低血压等功效；种子可做香料、肥皂原料；果实具有治疗湿疹瘙痒、杀虫止痒、温中止痛、除湿止泻等药用价值，是一个早实、丰产、优质、抗旱、耐寒、抗病虫害的优良花椒品种，其综合经济性状明显优于当地九叶青花椒，适于大面积推广。

1. 育种目标

荣昌无刺花椒品种的选育目标：易采收（茎、干、枝、皮刺极少）；早实丰产（具体指标为定植后次年试花挂果、3 年初产、5 年丰产）；优质［符合国家标准《鲜花椒及冷藏花椒一级》(GB/T 30391—2013) 的要求］；抗性强（抗旱、耐寒、抗病虫害）。

2. 选育技术路线

根据荣昌无刺花椒的选育目标，依据产量、质量、抗性、采收难易程度等综合指标选择优良单株；第二年根据生产调查结果对优良单株进行初选；第三年对初选优良单株进行产量、品质、特征特性等观察测定，进行复选；第四年对复选的优良单株开展产量、品质、特征特性等方面的观察测定，进行决选；第五年用决选的优良单株枝芽进行嫁接扩繁；第六年进行定植，开始区域试验。之后再次进行荣昌无刺花椒优良品种的选育，并申请林木良种审定，良种审定后进行推广。

3. 选育程序

（1）选育试验方案的制订　采用 4 株小区（6 米×6 米）、3 次重复的完全随机区组设计，选取荣昌无刺花椒和江津九叶青花椒（两种花椒为同属同种植物）两个品种为参试材料。其中，对照品种九叶青花椒（*Zanthoxylum armatum* 'Jiuyeqing'）来源于重庆市江津区先锋镇椒乡社区观音堂，于 2005 年通过国家林木品种审定委员会审定（国 S－SV－ZA－020－2005）；荣昌无刺花椒产于重庆市荣昌区吴家镇十烈社区周家大院，主要对比研究其物候期、树体形态、枝条特点、结果习性、单位面积产量、病虫害抗性等内容。

　　试验安排在吴家镇十烈社区，广顺街道李家坪村、龙兴村和工农社区 4 个地点进行，区域试验总面积 7 公顷（105 亩①）；时间为 2003—2015 年。

（2）试验过程　2003 年开始，在吴家镇十烈社区，主要进行荣昌无刺花椒的播种繁殖、扦插繁殖、高压繁殖和栽培试验；2007年开始，先后在重庆文理学院、重庆市林业科学研究院、西南大学进行组织培养、育苗试验；2014 年开始，在广顺街道李家坪村、龙兴村和工农社区 3 个试验点，主要进行荣昌无刺花椒的嫁接繁殖和栽培、大树移栽试验，同时对 4 个栽培试验地点供试品种的物候期、树体形态、枝条特点、结果习性、单位面积产量、病虫害抗性等进行对比观察、测定。

（3）试验结果　荣昌无刺花椒是一个芽变品种，播种繁殖的花椒苗有返祖现象（枝干具皮刺），不能保持其无刺的优良特性；扦插繁殖成活率太低，仅 10％左右，枝条浪费且育苗成本高，不适合推广；组培时愈伤组织出现后不久基部会发黑霉变，无法诱导发

---

①　亩为非法定计量单位，1 亩＝1/15 公顷。——编者注

9

根；高压繁殖成活率虽可达 90％以上但母株太少，限制了其大面积推广应用。目前嫁接成活率可达 85％以上，且芽比枝条多得多，适合大面积推广。荣昌无刺花椒和江津九叶青花椒形态特征及生长势基本相似，都表现出树形呈圆头形，小乔木或灌木，树势强健，树体较大，幼树复叶的小叶数都是单数，果实未成熟前均为青绿色，成熟后为红色，商品采收期和果实成熟期基本一致。不同之处在于，荣昌无刺花椒茎、干、枝刺较九叶青花椒少得多，小叶比九叶青花椒的宽大，花序、果序比九叶青花椒的长，果粒比九叶青花椒的略大，结果期比九叶青花椒的早（荣昌无刺花椒栽植后的次年就试花挂果）；3 年生时平均单株鲜椒产量 7.31 千克，比九叶青花椒（株产 5.40 千克）高 1.91 千克，增产 35.37％；5 年生以上结果盛期的平均单株鲜椒产量 15.77 千克，比九叶青花椒（株产 12.94 千克）高 2.83 千克，增产 21.87％。每亩产值达到 1.87 万元，经济效益显著。

虽然荣昌无刺花椒和江津九叶青花椒为同属同种植物，但通过对比试验得出：二者生长区域，所需气候、土壤条件具有差异以及栽培管理方式不同，荣昌无刺花椒的经济性状和抗性均优于江津九叶青花椒，是一个本土特色资源，经多年观察，其生物学特性、生理性状及产量等指标均比较稳定。

（四）荣昌无刺花椒良种审（认）定情况

2005 年西南大学生命科学院副院长邓洪平教授将重庆市荣昌区林业科学技术推广站选育的无刺花椒鉴定为竹叶花椒的栽培变种，并命名为"昌州无刺花椒 *Zanthoxylum armatum* DC. var. *anaculeatus* Hong Ping Deng"；2006 年 10 月重庆市林木品种审定委员会将其认定为林木良种（渝 R - SV - ZA - 001 - 2006），认定良种到期后荣昌区林业科学技术推广站继续选育并申报良种审定；2016 年 6 月中国科学院成都生物研究所高信芬研究员和四川省工程咨询研究院何飞高级工程师共同将重庆市荣昌区林业科学技术推广站选育的无刺花椒鉴定为竹叶花椒的芽变品种，并命名为"荣昌无刺花椒 *Zanthoxylum armatum* DC. 'Rongchang wuci huajiao'";2016 年 6 月重庆市林木品种审定委员会产量测定专家组娄利华正高级工程师、雷鸣高级工程师对其进行了测定,3 年生单株平均产量 7.41 千克（1.1 千克/米²）;2016 年 11 月重庆市林木品种审定委员会将其审定为林木良种（渝 S - SV - ZA - 001 - 2016）。

三、

荣昌无刺花椒生长结果习性

（一）荣昌无刺花椒生长特性

1. 根系生长

（1）根系　荣昌无刺花椒地面根颈以下部分总称为根系。根系由主根、侧根和须根组成。主根是由种子的胚根发育而成，但常因苗木移栽时被切断而并不发达，其长度只有20～40厘米。侧根是主根上分生出的3～5条粗壮而呈水平延伸的一级根，随着树龄的增加，不断加粗生长，并向四周延伸，同时分生小侧根，形成强大的根系骨架。须根是主根和侧根上发出的细而多次分生的细短网状根，粗度多为0.5～1.0毫米。从须根上生长出大量细短的吸收根，是花椒吸收水肥的主要部位。

（2）根系分布　荣昌无刺花椒为浅根性树种，须根发达，根系垂直分布较浅；但盛果期树，根系最深分布可达1.5米，较粗的侧根多分布在40～60厘米的土层中，较细的须根集中分布在10～40厘米的土层中，也是吸收根的主要分布层。荣昌无刺花椒的根系水平分布范围很广，一般是树冠投影的2～3倍；盛果期树的根系水平扩展范围可达15米以上，约为树冠直径的5倍，而须根及吸收根集中分布在树干距树冠投影外缘1/2～3/2的范围内。从荣昌无刺花椒根系分布特征看，其须根和吸收根虽水平分布范围较广，但垂直分布较浅，所以在干旱少雨年份，特别是连续干旱10天以上，往往首先表现出受旱。

荣昌无刺花椒根系在一年中的生长变化因树龄及环境条件不同而异，但同一树龄的荣昌无刺花椒在同一地区，其根系生长强弱随土壤温度和树体营养变化而变化。通常，根系开始生长活动早于地上部分，当春季 10 厘米深处地温达到 3～5 ℃时根系开始生长，比地上部分萌动期早 15～20 天。荣昌无刺花椒根系一年中有 3 次生长高峰：第一次生长高峰出现在 3 月中旬至 4 月上旬萌芽前后，以后随着地上部新梢的生长和开花结果，根系得到的营养物质也随之减少，其生长也逐渐转缓；第二次生长高峰出现在 5 月上旬至 6 月中旬，此时新梢生长减缓，绝大部分叶片已进入成叶阶段，光合作用增强，树体营养物质增多，加之土壤温度升高，根系生长进入一年中最旺盛的时期，生根数量多，生长速度快，生长量大且延续时间长，是全年发根最多的时期；第三次生长高峰出现在果实采收后的 9 月下旬至 10 月下旬，此时果实已采收，秋梢停长，树体营养消耗减少，积累增加，根生长加快，但因土温逐渐降低，新根生长量小，以后随土壤温度的下降，根系生长越来越缓慢，并逐渐停止生长。

荣昌无刺花椒根系的趋温性与趋氧性，与其他树种相比更为明显。其在土壤疏松的坡地、石质山地的冲积扇和石头垒边的地埂上生长旺盛，而在雨季集流过水地带或进水口处，常因短时积水，造成根系供氧不足和地温下降而突然死亡。这也是夏季高温时荣昌无刺花椒园浇水容易导致花椒树大量死亡的直接原因。

2. 枝芽生长

（1）芽及其生长 荣昌无刺花椒的芽有叶芽和花芽之分。

叶芽根据发育状况、着生部位和活动性可分为营养芽和潜伏芽两种。营养芽发育较好，芽体饱满，着生在发育枝和徒长枝的中上部，翌年春季可萌发形成枝条。潜伏芽（又叫隐芽、休眠芽），发育较差，芽体瘦小，着生在发育枝、徒长枝、结果枝的下部，多不萌发，并随枝条的生长被夹埋在树皮内，呈潜伏状态，潜伏寿命很长，可达几十年，只有在受到修剪刺激或进入衰老期后，才可萌发形成较强壮的徒长枝。

花芽，芽体饱满，呈圆形，着生在 1 年生枝（结果母枝）的中上部。花芽实质上是混合芽，芽体内既有花器的原始体，又有雏梢的原始体，春季萌发后，先抽生一段新梢（也叫结果枝），然后在新梢顶端抽生花序，开花结果。荣昌无刺花椒树到盛果期很容易形成花芽，一般在生长健壮的结果枝、发育枝和中庸偏弱的徒长枝的中上部均可形成花芽。

（2）枝叶及其生长 荣昌无刺花椒的枝条按其特性可分为发育枝、徒长枝、结果母枝和结果枝四类。

发育枝，是由营养芽萌发而来。当年生长旺盛，其上形不成花芽，落叶后为 1 年生发育枝；当年生长中庸健壮，其上可形成花芽，落叶后转化为结果母枝。发育枝是扩大树冠和形成结果枝的基础，也是树体营养物质合成的主要场所。发育枝有长、中、短枝之分，长度在 30 厘米以上为长发育枝，15～30 厘米的为中发育枝，15 厘米以下的为短发育枝。定植后到初果期，发育枝多为长、中枝；进入盛果期后，发育枝数量较少，且多为短枝，也很容易转化为结果母枝。

徒长枝，是由多年生枝皮内的潜伏芽在枝、干折断或受到剪截刺激及树体衰老时萌发而成，生长旺盛，直立粗长，长度多为50～100 厘米。徒长枝多着生在树冠内膛和树干基部，生长速度往往较快，组织不充实，消耗养分多，影响树体的生长和结果。通常徒长枝在盛果期及其以前多不保留，应及早疏除；在盛果期后期到树体衰老期，可根据空间和需要，有选择地改造成结果枝组或培养成骨干枝，更新树冠。

结果枝，是由混合芽萌发而来的顶端着生果穗的枝条。结果初期，树冠内结果枝较少，进入盛果期后，树冠内大多数新梢成为结果枝，且结果后先端芽及其以下 1～2 个芽仍可形成混合芽，转化为翌年的结果母枝。结果枝按其长度可分为长果枝、中果枝和短果枝。长度在 5 厘米以上的为长果枝，2～5 厘米的为中果枝，2 厘米以下的为短果枝。各类结果枝的结果能力与其长度和粗度有密切关系，一般情况下，粗壮的长果枝坐果率高，果穗大；细弱的短果枝坐果率低，果穗小；几类结果枝的数量和比例，常因品种、树龄、立地条件和栽培管理技术水平不同而异。一般情况下，结果初期树结果枝数量少，而且长、中果枝比例大；盛果期和衰老期树，结果枝数量多，且短果枝比例高；生长在立地条件较好的地方，结果枝长而粗壮；生长在立地条件较差的地方，结果枝短而细弱。

结果母枝，并不是永久性角色，而是发育枝或结果枝在其上形成混合芽后到花芽萌发，抽生结果枝，开花结果这段时间所承担的角色，果实采收后转化为枝组枝轴。但在休眠期，树体上仅有着生混合芽的结果母枝，而无结果枝。在结果初期，结果母枝主要是由中庸健壮的发育枝转化而来，在盛果期及其以后，主要是由生长健壮的结果枝转化而来。结果母枝抽生结果枝的能力与其长短和粗壮程度呈正相关。长而粗壮的结果母枝抽生结果枝能力强，抽生的结果枝结果也多；细弱的结果母枝抽生结果枝能力弱，抽生的结果枝结果也少。

春季气温稳定在 10 ℃ 左右时枝条开始生长，1 年中一般会出现两次生长高峰。但是，不同类型的枝条在生长时间、生长量和出现生长高峰的次数等方面均有较大差异。结果枝 1 年中只有 1 次生长高峰，一般出现在 4 月上旬至 5 月上旬，其生长高峰持续时间短，生长量较小，一般 2～15 厘米。发育枝和徒长枝在 1 年中生长时间长，生长量大，并出现两次生长高峰。一般发育枝年生长量为 20～50 厘米，徒长枝为 50～100 厘米，第一次生长高峰出现在展叶后至花椒果实迅速膨大始期，其生长量占全年生长量的 35％；第二次生长高峰大体出现在 6 月下旬花椒果实膨大结束至 8 月上中旬，其生长量约占 40％。荣昌无刺花椒新梢的加粗生长和伸长生长同步出现，但持续时间较长。

荣昌无刺花椒为奇数羽状复叶，对生，每一复叶着生小叶 1～7 片，幼苗小叶多数为 7 片，后多为 5 片。小叶长椭圆状披针形，长 5～14 厘米，宽 2.5～4 厘米。在同一复叶上腹叶最大，由腹部向顶部和基部逐渐减小。小叶的大小、形状和色泽因树龄、环境和栽培技术不同而异。一般情况下，立地条件好，栽培技术得当，树体生长健壮，叶片就大而厚，叶色也浓绿；立地条件差，栽培管理水平低，树体生长弱，则叶片小而薄，叶色淡绿。

（二）荣昌无刺花椒结果特性

1. 花芽分化

花芽分化是指在树体内有足够的养分积累和外界光照充足、温度适宜的条件下，叶芽向花芽转化的全过程。荣昌无刺花椒的花芽分化集中期，在枝条的两次生长高峰之间，大致在6月上旬；花序分化在6月中旬至7月上旬，花蕾分化在6月下旬至7月中旬，小花萼分化在6月下旬至8月上旬，此后花的分化处于停顿状态，并以此状态越冬，至次年3月下旬至4月上旬雌蕊分化，花芽开始萌动。

花芽分化是荣昌无刺花椒开花结果的基础，花芽分化的数量和质量直接影响着次年花椒的产量。花芽分化又受很多内在因素和外界条件的影响，其中树体营养物质积累水平和外界光照条件是影响花芽分化的主要因素；树体内营养物质的积累又取决于叶片的光合功能和光合产物的分配利用两个方面；光照条件则取决于当地光照强度、光照时间及树冠通风透光状况。因此，通过增强叶片光合功能，减少树体营养物质不必要的消耗，选择光照条件好的园地，保持通风透光，是促进花芽分化的主要途径。

2. 开花坐果

荣昌无刺花椒花芽萌动后，先抽生结果枝，当结果新梢第一复叶展开后，花序逐渐显露，并随新梢的伸长而伸展，发育良好的花序长3～5厘米，有50～200朵花，有的多达220朵以上。花序伸展结束后1～2天，花开始开放，花被开裂，露出子房体，无花瓣，1～2天后柱头向外弯曲，由淡绿色变为淡黄色，且具有光泽的分泌物增多，此时为授粉的最佳时期。柱头弯曲后4～6天变为枯黄色，枯萎脱落，子房开始膨大，形成幼小花椒果实，即完成坐果。

荣昌无刺花椒一般在2月中下旬开花，花序显露至初花期历时10～12天，初花期至末花期历时14～18天。影响开花坐果的因素有内在因素与外界因素，内在因素主要是树体储藏养分的多少，外界因素主要是低温和病虫害。花期常受低温冻害和蚜虫危害，引起落花落果。

3. 果实生长发育

荣昌无刺花椒果实生长发育过程可分为 4 个时期：速生期、缓慢生长期、着色期、成熟期。

（1）速生期 一般从柱头枯萎脱落开始，历时 15～20 天，果实迅速膨大，体积生长量达到全年总生长量的 90% 以上。

（2）缓慢生长期 果实体积变化不大，但重量继续增长，主要是增厚果皮，充实种仁。

（3）着色期 从 7 月中旬开始，果皮由绿色变为绿白色至黄色进而变为浅红色，同时种壳变为坚硬的黑褐色，种仁由半透明糊状变为白色。

（4）成熟期 外果皮呈红色或紫红色，表面疣状突起明显，有光泽，少数果皮开裂，果实完全成熟。

荣昌无刺花椒在果实发育的过程中，常常因为营养不足和环境条件不良而引起落花落果。营养来源主要是树体储藏的养分和入春以来的水肥供应，储藏养分多，结果母枝粗壮，水肥供应充足，结果枝生长健壮。一般情况下，结果母枝和结果枝粗壮的荣昌无刺花椒树坐果率高达 35% 左右，而结果母枝和结果枝细弱的荣昌无刺花椒树坐果率仅为 17%～25%。低温冻害、长期干旱、病虫害、枝条过密、光照不足、雨水过多等不良环境，常常引起大量落果。

（三）荣昌无刺花椒个体生命周期

荣昌无刺花椒个体生命周期是指荣昌无刺花椒从苗木定植成活后，经过生长发育、开花结果，直到衰老死亡的全过程。完成个体生命周期所经历的时期称为自然寿命。荣昌无刺花椒的自然寿命一般为 40 年左右，经济寿命 25～30 年，一般定植后第二年开始结果，3～5 年骨干枝延伸很快，分枝大量增加，树冠扩展迅猛，产量逐年提高，6 年后进入盛果期，亩产鲜花椒可达 1 000 千克以上。

荣昌无刺花椒个体生命周期可分为幼年期、结果初期、结果盛期和衰老期 4 个生长发育阶段。

1. 幼年期

从荣昌无刺花椒幼苗栽培后至开花结果前的阶段为幼年期，也称为营养生长期，一般为 1~2 年。幼年期离心生长旺盛，地上部分和地下部分均迅速扩大，开始形成根系和树体骨架。

温馨提示

幼年期是树冠骨架构建和根系形成的主要时期，在栽培管理上的主要任务：及时进行合理整形、加强水肥管理，促进树冠和根系迅速扩大，培养好树体骨架，保证树体正常生长发育，促进树体营养积累，为早结果和今后的丰产奠定基础。

2. 结果初期

从荣昌无刺花椒开始开花结果至大量结果以前的阶段为结果初期，也称为结果生长期，一般从 2~3 年少量开花结果开始，到 6 年大量结果以前结束，是荣昌无刺花椒树生长最快的时期。结果初期的树体前期生长旺盛，多以内膛的中、长果枝结果；后期生长缓慢，外围的中、短果枝结果增多，结果量逐渐增加。

温馨提示

结果初期是树形骨架基本形成、营养生长和生殖生长逐渐趋于平衡的时期，在栽培管理上的主要任务：完善整形、细化修剪，尽快完成骨架枝的配置，培养好枝组，加强水肥管理，在树体健壮生长的前提下，迅速提高单位面积产量。

3. 结果盛期

从荣昌无刺花椒开始大量结果至衰老以前的阶段为结果盛期，也称为盛果期。一般第六年以后进入结果盛期，理论上可延续到 25~30 年。结果盛期树姿逐渐开张，结果枝大量增加，树体扩展，产量达到高峰；后期部分结果枝干枯死亡，内膛逐渐空虚，结果部位持续外移。

温馨提示

　　结果盛期是荣昌无刺花椒生产的主要效益期，在栽培管理上的主要任务：结合采收修剪，稳定树势，防止"大小年"现象发生，加强水肥管理和病虫害防治，推迟衰老，延长经济寿命年限，保证连年高产稳产，取得最大的经济效益。

4. 衰老期

　　从荣昌无刺花椒树体开始衰老至死亡的阶段为衰老期。衰老期的前期抽梢能力减弱，部分结果枝枯死，主、侧枝出现枯梢现象，徒长枝增多，产量递减；后期部分主、侧枝枯死，坐果率明显下降，产量急剧降低。

温馨提示

　　衰老期在栽培管理上的主要任务：加强水肥管理和树体保护，延缓树体衰老；利用徒长枝进行局部更新，恢复树势，维持产量。

荣昌无刺花椒生长发育
对环境条件的要求

（一）对温度的要求

荣昌无刺花椒属于喜温不耐寒的树种，一般要求年均温度 10～20 ℃，年均温度低于 10 ℃的地区栽培容易发生冻害，特别是晚霜冻害危害性更大。荣昌无刺花椒春季日均温度 8 ℃以上芽开始萌动，10 ℃左右萌芽抽梢，果实发育适宜温度 20～25 ℃。

（二）对光照的要求

荣昌无刺花椒属喜光树种，一般要求年日照时数不小于 1 200 小时。光照充足，树体生长发育健壮，产量高，品质好；光照不足，枝条发育细弱，分枝少，结果部位严重外移，果穗和果粒均较小，果实着色大多较差，产量和品质下降均较明显。栽培时要充分考虑当地光照条件，合理设置初植密度；后期管理时必须进行科学的整形修剪，保持树冠通风透光，确保树冠内外均衡结果。

（三）对水分的要求

荣昌无刺花椒耐旱性较强，一般年均降水量 500 毫米以上且分布较均匀，即可满足荣昌无刺花椒的正常生长发育。年均降水量 500 毫米以下且 6 月以前降水较少的地方，在萌芽前和坐果后各灌 1 次水才能保证树体生长和当年产量。其他雨季分布不均的地方，在土壤干燥或干旱季节嫩枝出现萎蔫时及时灌水，可以显著提高当年花椒产量。

荣昌无刺花椒耐旱怕湿，土壤含水量过高或排水不良，都会严重影响其生长与结果。

温馨提示

在荣昌无刺花椒因干旱灌水时也要注意避免长时间过水或积水，以免造成荣昌无刺花椒根系腐烂。

（四）对土壤的要求

荣昌无刺花椒属浅根性树种，根系主要分布在距地面 40 厘米的土层中，一般要求土层厚度 70 厘米以上、pH 6.5～8.0 的沙土、轻壤土、壤土，但以土层深厚肥沃，pH 7.0～7.5 的沙壤土、中壤土为最好。

（五）对地势的要求

荣昌无刺花椒宜选择在排水良好、海拔 600 米以下、光照条件好、坡度较小、土层较厚的丘陵缓坡栽培。干旱且无灌溉条件的山区也可以选择山坡中下部的半阴坡栽培。

五、

荣昌无刺花椒苗木繁育技术

荣昌无刺花椒是竹叶花椒的一个芽变品种，播种繁殖的苗木有"返祖"现象，扦插育苗成活率太低，一般采用嫁接育苗和组培繁育。

（一）荣昌无刺花椒嫁接繁育技术

1. 砧木培育

（1）野生竹叶花椒种子采收与处理　选择生长在地势向阳、结实多、生长健壮、品质优良、无病虫害、8～12年生的野生竹叶花椒中年树作为采种母树，8月下旬至9月中旬当果实外皮全部呈紫红色、种皮为蓝黑色时，采收充实饱满、充分成熟的竹叶花椒果实，采收后及时摊晾在干燥的室内或阴凉通风处，等果皮干裂后分离出纯净种子。千万注意育苗用的竹叶花椒种子严禁暴晒。

（2）种子处理　竹叶花椒种壳坚硬油质多，不透水，发芽比较困难，一般需要进行脱脂处理。

随采随播所用的竹叶花椒种子，因果实采集后将果实连同种子一起播种至苗圃地，不必进行选种和脱脂处理。

春播用的竹叶花椒种子，一般在选种后直接沙藏，即在背风向阳、排水良好的地方挖80厘米深、100厘米宽的沙藏沟，每隔200厘米长竖立1束秸秆用于通风。然后将种子与湿沙（要求用手捏能成团但不滴水，松手即散）按1∶2的比例，一层湿沙一层种子逐层堆放至沙藏沟内，直到离地面15厘米为止，再在上面覆盖湿沙，成垄状。春季挖出，与湿沙一起播种即可，一般也不进行脱脂处理。也可在播种前1周采用与湿牛（马）粪混合储藏处理，即在排水畅通处先挖 33 厘米深的土沟，将花椒籽、牛粪或马粪各 1 份拌匀后放入沟内，灌透水后踏实，沟上盖 3.3 厘米厚的湿土一层，此后以所盖的土不干为宜，温度过高、上面的土层变干后需及时加水，7～8 天后即可萌芽下种。

秋播用的竹叶花椒种子，需要进行选种和脱脂处理。选种，即将竹叶花椒种子放入种子体积 2 倍以上的常温清水中，充分搅拌后静置 20 分钟左右，捞去上浮的秕种和杂质，即可得到纯净种子。脱脂处理，即将纯净种子放入 2.0％～2.5％碱水中浸泡 48 小时，除去秕粒，将种皮油脂反复搓洗后用清水冲干净，捞出即可播种；也可用草木灰水揉搓，去掉种皮上的油脂，捞出后用清水冲洗干净即可播种；还可用开水烫种，即将纯净种子放入容器中，加入 100 ℃开水，边加水边搅拌，等到水温降至 40～50 ℃时，按照每千克水滴洗洁精 5 毫升的量滴加洗洁精，浸泡 12 小时后捞出种子，用同样方法再浸泡约 12 小时，使种子充分吸水后捞出，再进行精选，去除秕种、破种、烂种，用清水冲洗 2～3 次即可播种。

（3）播种育苗

① 苗圃地选择。竹叶花椒比较喜温、喜光、不耐涝，短期积水可致苗木死亡。竹叶花椒苗圃地要选择在交通方便、最好接近建园地、背风向阳、土壤深厚肥沃、排水良好、透气性好、有灌溉条件的沙壤地块，以利于根系发达，地上部分发育充实。勿选用重茬地育苗，轮茬间隔一般 2～3 年。

② 整地做床。播种竹叶花椒的地块要在伏天结合深翻每亩先将充分腐熟的农家肥 4～4.5 吨、尿素或过磷酸钙（过磷酸钙必须同农家肥一起沤制以增强其肥效）10～15 千克均匀撒在地面上，同时将 5％西维因粉剂 4 千克均匀喷撒到地面上，然后全面深耕 40 厘米以上，同时清除草根石块，按照苗床宽 1～1.2 米、长 10～15 米，床间步道宽 30 厘米做床，并将苗床耕细、整平。播种前，再对苗床喷洒 1％～3％硫酸亚铁水溶液消毒，或将 50％多菌灵或 70％甲基托布津药粉按 4.5 克/米^2 撒入苗床或播种沟进行消毒。

③ 播种时间。竹叶花椒播种时间分为随采随播、秋播、春播

三种。

A. 随采随播。竹叶花椒果实采集后，将果实连同种子一起播种到苗圃地里。优点是种子不用进行脱脂处理，出苗比较整齐；缺点是占用苗圃地时间比较长，成本较高。适合培育小批量砧木苗。

B. 秋播。秋季 9～11 月播种。优点是播种时间长，不必储藏种子，且种子发芽早，扎根深，苗木生长期长，抗旱能力强，成苗率高。缺点是种子容易遭受鸟兽危害，土地占用时间较长。

C. 春播。春季 3 月播种。优点是种子留土时间短，遭受鸟兽危害的机会少，缩短了播种地的管理时间，并且苗木出土后不受冻害；缺点是种子需要储藏和催芽，增加育苗成本。适合春雨多、土壤湿润的地方或无灌溉条件的山地育苗。

④ 播种方法。条播，先在苗床内开深 3 厘米左右的沟，行距约 20 厘米，播幅宽度 10 厘米。开沟后，注意保持沟底平整，撒种均匀，撒种后立即覆 1 厘米左右厚的细土，用脚踩实，但不可踩得太深。春季播种，若土壤干旱，应先灌水再整地，待墒情适宜时开沟播种；秋季播后要浇一次透水。

⑤ 播种量。竹叶花椒纯净种子每亩播种量 20～30 千克。播完后撒毒诱饵，防止鼠鸟危害。

⑥ 水分管理。竹叶花椒种皮较厚，只有充分吸收水分，种子才能萌发出土。因此，播种后应及时灌一次透水。秋播遇雨时应及时排水。苗床缺水时应及时浇灌，也可采用塑料薄膜或秸秆覆盖保温、保墒，出苗整齐，待幼苗长出两片真叶时，即可揭去覆盖物。

⑦ 松土与除草。种子发芽期间，要及时疏松表土，防止土壤板结。如果板结土壤没有及时打碎，芽苗就难以顶出地面，影响出苗。苗木生长期间，杂草较多时应及时松土除草，或人工拔草或化学除草剂除草。

⑧ 间苗、补苗。可分 2～3 次进行，苗高 3 厘米时，可进行第一次间苗，隔 15～20 天后进行第二次间苗。苗高 10 厘米左右时定苗，留苗要均匀，苗距 10 厘米左右，每亩留苗量 2 万～2.5 万株。间苗后的幼苗，可带土移到缺苗处补苗，也可移到其他苗床培育，

幼苗 3～5 片真叶时移苗最好。移栽前 2～3 天灌水，以利挖苗保根，阴天或傍晚移栽可提高成活率。

⑨ 追肥。5 月中下旬苗木开始迅速生长，6 月中下旬进入生长盛期，此时需水肥量大。可采用土壤或叶面追肥，肥料以尿素、硫酸铵、复合肥为主，每亩一次使用量为 20～25 千克；叶面追肥浓度为 0.5％～1％，一般喷施 3 次，弱苗可多追施 1 次。

氮肥不可追施过晚，以免苗木徒长、木质化程度差，不利于越冬。

（温）（馨）（提）（示）

竹叶花椒种子育苗关键环节，包括竹叶花椒种子阴干晾晒、种子脱脂处理、种子沙藏和催芽处理，播后保持土壤不缺水，不板结。

2. 嫁接育苗

（1）接穗选择 在苗圃地就近选择地势向阳、生长健壮、无病虫害的 10 年生左右的荣昌无刺花椒一级优良单株，选择生长充实、无皮刺或皮刺少的 0.5 年生枝条作为接穗。

（2）砧木选择 在砧木育苗地内直接选择生长健壮、无病虫害的 1 年生野生竹叶花椒播种苗作为砧木。在嫁接前，对砧木苗充分灌水，对嫁接人员进行技术培训，可有效提高嫁接成活率。

（3）嫁接时间 荣昌无刺花椒春季 1 月嫁接成活率最高，2 月次之。

（4）嫁接方法 荣昌无刺花椒以穗条切接成活率最高，一般在春季萌芽期应用。在离地面 5～7 厘米处剪断砧木，在砧木断面一侧垂直切一刀，长约 4 厘米；在接穗下部削一个长近 4 厘米的长削面，背面再削一个长 0.5 厘米的短削面；然后，将接穗长削面向里，插入砧木切口中，对齐形成层；最后用塑料条扎紧。

（5）嫁接后管理 嫁接后及时除萌；嫁接后 10 天左右注意观察，及时补接；嫁接 30 天左右接芽萌发后，可用嫁接刀挑破薄膜露出接芽，让其自然生长，然后再距接口上方 1 厘米左右分 2～3 次剪砧；新梢长到 30 厘米左右时，及时摘心；同时进行中耕除草、合理施肥、病虫害防治等工作。当年秋季即可出圃定植。

（二）荣昌无刺花椒组培繁育技术

1. 荣昌无刺花椒组织培养的无菌体系建立

青花椒是重庆市山地高效农业发展的优选特色经济植物，是精准扶贫的重要载体，是"退耕还林"的首选树种之一。重庆市政府已把花椒纳入了"百万亩天然香料产业化工程"，重庆市农委也将花椒纳入"重庆调味品产业体系"。

当前，重庆花椒种植产业面临两大问题：一是重庆花椒以九叶青花椒为主，品种单一，对某些病虫害抗性较差；二是重庆九叶青花椒由于其干、枝皮刺多而密，叶柄及小叶小枝也较多，花椒采收十分不便，采收成本居高不下。研究开发培育高产、高抗的无刺花椒新品种并进行规模化繁育已迫在眉睫。

荣昌无刺花椒为野生竹叶花椒的芽变新品种，早实、丰产、优质、抗旱、抗寒、抗病虫害，2016 年经重庆市林木品种审定委员会审定为林木良种（渝 S－SV－ZA－001－2016），具有良好的发展前景。然而，荣昌无刺花椒良种的繁育速度缓慢，远不能满足市场的需求，已成为重庆市花椒产业提质增效的瓶颈。荣昌无刺花椒是芽变品种，播种繁殖的花椒苗有返祖现象（枝干具皮刺），不能保持其无刺的优良特性；扦插繁殖成活率太低，仅 10％左右，枝条浪费且育苗成本高，不适合推广；高压繁殖成活率虽可达 90％以上但母株太少，限制了其大面积推广应用；嫁接成活率可达 85％以上，但受季节限制影响较大。应用茎尖脱毒脱菌结合组织培养的细胞工程育苗实现周年大生产是保持种源纯正、性状一致、破解种苗供应不足的最佳途径。然而，花椒内生真菌多，制约了组培繁育的进程，因此，亟须建立荣昌无刺花椒的无菌培养体系。

（1）次氯酸钠浓度及消毒时间对外植体灭菌效果的研究 次氯酸钠（NaClO）消毒效果好，且对植物组织温和、无害，是组织培养过程常用的灭菌剂。笔者研究了不同浓度 NaClO 及消毒时间对外植体的影响。首先进行无刺花椒外植体取材，季节以春季为最佳，9 月后不宜再取材培养。取材时间选择连续晴天 3 天及以上的午后，此时外植体携带病菌最少、活力最低。选择具有母本典型性状、无病虫害的健壮无刺花椒植株为对象，剪取当年新萌发的嫩梢，腋芽处尚未萌动的枝条为最好。从母本植株上取下来的枝条，立即从叶柄最外端除去叶片，用保鲜膜覆盖，置于冰盒中保温保湿，备用。

之后带回实验室将无刺花椒嫩枝去除叶片后剪成 4～5 厘米长带腋芽的茎段，分级处理：半木质化茎段为 1 级，幼嫩茎段为 2 级。将分级后的外植体用洗洁精浸泡 5 分钟，自来水冲洗干净，晾干，用保鲜膜封好，备用。利用紫外线杀菌＋NaClO 消毒方式，将茎段外植体放在超净工作台上置于紫外灯下照射 15 分钟左右除去外植体表面带有的杂菌；然后在超净工作台上用 1.5%～2% NaClO 溶液加少量吐温 80 对茎段振荡 3～5 分钟消毒杀菌。灭菌后的材料接入 MS＋ZT 2.0 毫克/升培养基中，暗培养 2 天后观察。

结果如下：荣昌无刺花椒幼嫩枝芽内生菌严重，无论何种灭菌方式，外植体均在 3～7 天出现真菌。浓度低、灭菌处理时间短（1.5% NaClO，消毒 3 分钟），则外植体褐化程度低，出现真菌时间早（3～4 天）；浓度高、灭菌处理时间长（2% NaClO，消毒 5 分钟），则外植体褐化程度高，出现真菌时间迟（5～7 天）。

（2）培养基成分对腋芽诱导的影响

① 不同激素配比对腋芽诱导的影响。基于上述结果，选择 2% NaClO 消毒 3～5 分钟对外植体进行处理（等级 1 处理 5 分钟；等级 2 处理 3 分钟）。处理好的外植体置于不同配方的培养基中培养，具体如下：培养基 1，MS＋1.0 毫克/升 6 - BA＋0.5 毫克/升 NAA；培养基 2，MS＋0.5 毫克/升 6 - BA＋0.25 毫克/升 NAA；培养基 3，MS＋1.0 毫克/升 6 - BA＋0.1 毫克/升 IBA；培养基 4，MS＋2.0 毫克/升 6 - BA＋0.1 毫克/升 IBA；培养基 5，MS＋1.0 毫克/升 ZT＋0.1 毫克/升 IBA；培养基 6，MS＋2.0 毫克/升 ZT＋

0.1 毫克/升 IBA。暗培养 3 天后开灯，光照时间 12 小时/天。

结果发现：接种第三天腋芽开始出现霉菌，叶柄开始脱落，第三至七天污染最多，污染率达 90% 以上，均为腋芽长霉；第十天开始腋芽萌动，两周后培养基 6 中外植体长势显著好于其他培养基，腋芽明显抽高；然而，接种后 20 天左右，新芽周围布满霉菌，30 天后外植体全部被真菌包围，最终导致植株死亡。在长达 2 年、经历了上百次的试验中，不论利用何种方式进行预处理、消毒，结果均以外植体感染真菌而告终。外植体即使萌发出新芽，但在后期的培养过程中仍避免不了其内生真菌的感染，感染部位 90% 以上来自腋芽处。

② 培养基添加抗菌剂对内生真菌抑制及腋芽诱导的影响。利用 NaClO 常规消毒后，将外植体放置到含抗菌剂的 MS 培养基中振荡培养 6～12 小时（预处理），然后分别接种到含抗菌剂和不含抗菌剂培养基中培养。暗培养 3 天后转入光照培养。结果发现，接种后的第二天，绝大部分外植体褐化。在后续的培养过程中观察到，剩余少量外植体没有感染病菌，特别是接种到含抗菌剂的培养基中的外植体成活率较高。在含 1.0 毫克/升 ZT 培养基中，腋芽萌动较快，长势较好。

(3) 不同接种方法对无刺花椒初代诱导的影响　在培养基中添加抗菌剂可以有效抑制无刺花椒外植体内生真菌的生长。但需要探索优化接种方法，避免接种后出现大面积的褐化和污染。

接种于含有抗菌剂的培养基中，接种方法分为以下 5 种，各接种方法的结果如下：

① 将茎段的形态学下端插入培养基中，腋芽暴露在培养基表面外。这种接种方法外植体褐化程度较轻，但接种 10 天左右，污染率几乎达到 90%，20 天后全部污染，污染部位绝大多数仍然是在腋芽处。

② 接种前先将整个茎段浸没于培养基中，取出后将茎段的形态学下端插入培养基中，腋芽暴露在培养基表面外。这种接种方法外植体褐化较轻，污染率显著低于接种方法①，但接种 20 天后也

几乎全部污染，只是污染速度较慢，表明植物组培抗菌剂有一定的抑菌效果。

③ 将茎段的形态学下端插入培养基中，腋芽浸没在培养基中。茎段的形态学上端暴露在培养基表面外。这种接种方法外植体褐化程度中等，整体污染率较低，能有效控制腋芽处的内生真菌污染，有少数新芽能萌发且不感染病菌。

④ 按照茎段的形态学上下端，将茎段全部插入培养基中。这种接种方法污染率较低，但是外植体几乎全部褐化，部分没有褐化的外植体腋芽也难以萌发。

⑤ 将茎段的形态学上端插入培养基中，腋芽浸没于培养基，茎段形态学下端暴露在培养基表面外。这种接种方法可有效控制腋芽处的真菌污染，但同时几乎所有的腋芽褐化，腋芽仍然不能萌发。

综上可知，无刺花椒组培外植体内生真菌的控制方法为：外植体紫外线杀菌 15～20 分钟＋2％ NaClO 消毒 3～5 分钟＋培养基（MS＋2.0 毫克/升 ZT＋0.1 毫克/升 IBA＋抗菌剂）；接种方式为将茎段的形态学下端插入培养基中，腋芽浸没在培养基中，茎段的形态学上端暴露在培养基表面外；暗培养 3 天后转入光下，光照度 1 500～2 000 勒克斯，时间 12 小时/天。通过此法，可以建立荣昌无刺花椒初代诱导体系。

2. 荣昌无刺花椒脱毒种苗组培繁育技术体系优化

在无菌体系建立的基础上，针对荣昌无刺花椒脱毒种苗组培繁育的各个关键节点，进行技术参数和工艺流程的研发、优化和整合，建立成熟稳定的脱毒组培种苗工厂化生产线。包括从内外源激素调控、营养元素诊断等方面建立优化再生启动、继代增殖和生根诱导培养体系；从生产车间布局、规章制度、消毒灭菌措施、工作人员操作规范等方面优化无菌环境；从苗木挑选、继代时间、切割方法和操作流程等方面建立优化切割工艺；从光照时间、培养密度、生产温度、空间湿度等方面优化培养条件。

（1）培养基激素配比对无刺花椒初代诱导的影响

将无病虫害的幼嫩茎段/半木质化茎段作为外植体，利用探索的多维复合除菌技术，接入含不同浓度玉米素（ZT 1.0 毫克/升、ZT 2.0 毫克/升、ZT 4.0 毫克/升）的培养基中（MS＋0.1 毫克/升 IBA＋0.2％抗菌剂＋30 克/升蔗糖＋5.7 克/升琼脂粉），暗培养 3 天后转入 2 000 勒克斯光照下，观察腋芽萌动情况及芽的长势。结果发现，ZT 浓度为 1.0 毫克/升时，腋芽萌发率为 23％，接种 18 天后芽体开始萌动，45 天后开始抽出丛生芽，芽体弱，分化丛生芽能力低；ZT 浓度为 2.0 毫克/升时，腋芽萌发率为 36％，接种 15 天后芽体开始萌动，40 天后开始抽出丛生芽，叶色翠绿，但分化丛生芽能力一般；ZT 浓度为 4.0 毫克/升时，腋芽萌发率为 47％，接种 10 天后芽体开始萌动，30 天后开始抽出丛生芽，芽体健壮，分化丛生芽能力强，叶色翠绿。由以上结果表明，无刺花椒芽启动缓慢，萌芽率（出芽数/接种后无菌外植体数）低。在含 1.0～4.0 毫克/升 ZT 的培养基中，芽的诱导率与 ZT 浓度呈正相关，较适宜的 ZT 浓度为 4.0 毫克/升。高浓度 ZT 处理，芽体萌动早，产生的丛生芽数量多。

（2）无刺花椒继代增殖培养条件的优化

① 不同切割方式对丛生芽增殖的影响。切割工艺是无刺花椒能否高效继代增殖的关键因素之一。同样的材料，采用不同的切割方法，后续的增殖差异很大。继代繁育的材料为初代培养 30～40 天的无刺花椒萌芽茎段，高度为 3～4 厘米，具 3～4 个节间，且腋芽萌发数量不少于 2 个。将待切割的材料置于超净工作台上的无菌接种盘中，首先用灭菌好的工具将茎段基部（插入培养基的一端）的老组织切除，露出新鲜的组织，然后采取两种方式切割。

A. 保留叶片。将 3～4 厘米的茎段材料切成带 1～3 片叶的茎段，具体根据茎段腋芽的萌发情况而定。若茎段节间较长，且腋芽萌发较好，则可切割成 1 叶 1 芽的茎段；若茎段节间较紧密，且腋芽萌发不够长，则可选择切成带 2～3 片叶的茎段；顶芽一般切成 1～2 厘米长、带 2～4 片叶的茎段。

B. 不保留叶片。操作方式同保留叶片，最后将叶片切掉接种到继代培养基上。

接种 30 天后观察增殖情况，结果发现：以保留叶片的方式接种，超过 90％的茎段腋芽可以萌发出芽，且小芽长势良好；而去掉叶片后，茎段腋芽可以萌发的比率低于 20％，且小芽难以抽高。因此，保留叶片接种方式适用于花椒继代增殖。

② 培养基激素配比对丛生芽增殖的影响。以初代培养长出的无刺花椒丛生芽为外植体，以保留叶片的切割方式，在 3 个不同激素配比（A，1.0 毫克/升 ZT＋0.1 毫克/升 IBA；B，2.0 毫克/升 ZT＋0.1 毫克/升 IBA；C，4.0 毫克/升 ZT＋0.1 毫克/升 IBA）的 MS 培养基上培养，25～30 天后观察芽长势，统计计算增殖系数。

继代前期（2～4 代），茎段腋芽萌发及生长速度较慢，在一定范围内，较高的细胞分裂素浓度可促进新芽抽高及腋芽萌发。A、B、C 三个培养基配方增殖系数分别为 1.2、1.5 和 2.1。其中，培养基 A 中芽苗长势缓慢，新芽抽高困难，茎节间短；培养基 B 中芽苗长势较快，新芽可以抽高，腋芽萌发少，茎节间较长；培养基 C 中芽苗长势较块，新芽抽高快，腋芽萌发多，茎节间较长。

在继代培养 4 代后，增殖的腋芽茎段逐渐适应了离体环境，需要调整继代增殖培养基配方。在原培养基的基础上，随着继代增殖次数的不断增加，逐渐降低细胞分裂素和生长素的比例，同时逐渐减少抗菌剂的用量。当真菌得到抑制，体内激素水平逐渐积累，则需要根据情况适时调整，直至为 0。具体配方为：MS＋1.0～2.0 毫克/升 ZT＋0.1 毫克/升 IBA＋5.7 克/升琼脂粉＋30 克/升蔗糖＋0％～0.05％抗菌剂。激素配比要视每代的具体情况而定，若用于增殖的腋芽茎段密集且腋芽丛生，则应降低 ZT 用量，若用于增殖的腋芽茎段节间长且腋芽萌发较少，则应增加 ZT 用量。ZT 具体用量为 1.0～2.0 毫克/升。

③ 光照条件对丛生芽增殖及生长的影响。继代切割的茎段暗培养 1 周后，将其放置在 1 000 勒克斯、2 000 勒克斯和 2 500 勒克

斯至 3 000 勒克斯光照下进行培养，30 天后观察增殖及生长状况。结果发现，弱光下，新芽抽高快，茎节间长，芽苗幼嫩、长势弱；光照强则导致新芽难以抽高，茎节间短，芽苗易老化，顶芽有坏死现象；中等强度光照条件下，新芽抽高较快，茎节间较长，芽苗健壮。

根据以上结果，优化无刺花椒继代增殖培养最适的光照条件。

▶培养初期。无刺花椒继代苗需要置于黑暗环境中培养，具体时间要视芽苗茎段伸长状况而定，一般为 1 周左右。

▶芽苗茎段伸长后。及时将培养条件转变成光照培养，光照度为 1 000 勒克斯左右，即单排日光灯的光强。该培养条件下培养约 1 周。

▶继代培养约两周后。将光照度进一步增强，具体操作为启动双排日光灯。在此培养条件下继续培养两周左右，直至下一次继代增殖为止。

▶整个继代增殖培养期间。光照时间为 10 小时，光照温度为 25 ℃±2 ℃。

(3) 无刺花椒生根诱导培养条件的优化

以继代增殖得到的无菌苗为材料进行生根诱导，影响生根情况的条件主要为 MS 中大量元素含量、生长素的种类及比例、遮光（暗培养）时间。在含不同大量元素（1/2MS、1/3MS 和 1/4MS）的基础 MS 培养基中添加不同浓度 IBA（0.1 毫克/升、0.2 毫克/升、0.5 毫克/升和 1.0 毫克/升），并采取不同遮光时间（0 天、5 天、10 天）处理后，统计不同组合的生根率，并观察根状态，以筛选最优的生根培养基和培养条件。

生根诱导 25 天后，观察结果如下：1/2MS＋0.2 毫克/升 IBA 生根率为 33.7%，根生长正常，叶色深绿；1/2MS＋0.5 毫克/升 IBA 生根率为 12.8%，根愈伤大，叶色深绿；1/2MS＋1.0 毫克/升 IBA 生根率为 21.7%，根愈伤大，叶色深绿；1/4MS＋0.2 毫克/升 IBA 生根率为 15.8%，根生长正常，叶色深绿。由此可见，最高生根率低于 50%，效果不理想。

继续调整培养基配方，并严格控制苗木筛选标准，只选择幼嫩苗进行切割生根，接种时插入培养基的深度为0.5～1厘米，结果发现：1/2MS＋0.1毫克/升IBA、1/3MS＋0.1毫克/升IBA、1/3MS＋0.2毫克/升IBA的生根率分别为71.2％、66.3％、73.4％，且所有组合根生长正常，叶色深绿。利用调整后的培养基配方进行生根诱导培养，生根率可提高到60％以上。

研究不同遮光时间处理对芽苗生根的影响，结果发现，不同遮光时间处理之间生根率没有显著差异。

综上可知，优化后的荣昌无刺花椒脱毒种苗组培繁育技术体系建立方法为：①初代诱导，培养基为MS＋4.0毫克/升ZT＋0.1毫克/升IBA＋0.2％抗菌剂＋30克/升蔗糖＋5.7克/升琼脂粉；②继代增殖，采用动态培养基（MS＋1.0～2.0毫克/升ZT＋0.1毫克/升IBA＋0％～0.05％抗菌剂＋30克/升蔗糖＋5.7克/升琼脂粉）；③切割方式为保留叶片；④光照条件为暗培养1周，1 000勒克斯1周，2 000勒克斯2周；⑤生根诱导，培养基为1/3MS＋0.2毫克/升IBA＋25克/升蔗糖＋5.7克/升琼脂粉，1 000～2 000勒克斯光照。

3. 无刺花椒组培种苗温室培育技术体系优化

以生根的无刺花椒组培种苗为对象，针对种苗隔离控根培育生产的核心要素，耦合设施设备与培育技术，构建设施容器育苗技术体系，实现商品苗的规模化生产。包括从组培苗炼苗、轻型基质成分配比、设施容器隔离培育、光温肥水一体化等方面进行系统整合研究。

（1）炼苗时间对荣昌无刺花椒组培苗移栽成活的影响 当培养瓶内组培苗高≥3厘米，基部长出1～3条1～1.5厘米长的白色不定根时，对其进行炼苗。在温室中，将培养瓶开盖或将盖子拧松，在散射光［60～100微摩/（米²·秒）］，温度25 ℃±5 ℃环境中培养3～7天。

结果发现，炼苗时间长（6～7天）、温度高于25 ℃、强光照射下，荣昌无刺花椒组培苗叶片易萎蔫、变卷，培养基长霉菌，不利于移栽成活；而炼苗时间短（1～2天），荣昌无刺花椒尚未适应外界环境，移栽成活率也不高。因此，选择炼苗方式为：时间3～5天、自然散射光、温度25℃，前两天拧松盖子，之后开口逐渐变大让其适应外界环境。

（2）基质配比对荣昌无刺花椒组培苗移栽成活的影响 移栽过程如下：

① 基质准备。选用疏松透气、排水良好的基质。A，草炭土：珍珠岩：蛭石＝6：1：1；B，草炭土：珍珠岩＝6：1；C，草炭土：蛭石＝3：1。提前1天浇透水备用，此时基质含水量约为80％。

② 消毒。目的是防治根茎腐烂、叶斑病等。移栽前将苗从培养基轻轻拔出，采用阿维菌素1 000倍液浸泡2分钟左右，捞起放入筐内稍晾，以备种植。

③ 移栽。栽植时先用竹条将基质挖出一个深浅合适的孔穴，再将荣昌无刺花椒生根苗放入，最后回填基质，栽稳幼苗。操作要细心，不伤根和叶，不要栽植得过浅或过深，栽植后不宜浇水过多。

④ 管理。移栽完后，3天内不浇水，以后视情况每3～5天浇水1次即可，干热天约3天浇1次，湿冷天约5天浇1次。如发现部分区域水分不足可补水。刚移植的苗，光线要控制在10 000勒克斯以下，阳光强烈时要盖遮阳网，夏季开网时间为9:00～16:00，其他季节为10:30～15:00。

研究发现，基质A、B、C的移栽成活率分别为95％、81％和88％。在不同基质上移栽的组培苗，随着移栽时间的延长，部分基部叶片变黄、脱落，直到移栽14天后，新叶、芽长成，移栽成活。

（温）（馨）（提）（示）

移栽前1周，当外界温度较高、湿度低时，叶片萎蔫，属于正常现象，这时保持小拱棚塑料膜密闭，过夜即可恢复。

（3）控根容器大苗培育技术　控根容器育苗，是指在一定条件下，用装有基质的控根容器来栽植苗木的一种快速培育技术。该技术适用于大规格苗木培育与移栽，具有育苗周期短、苗木生根量大、苗木移栽方便、移栽成活率高、可反季节全冠移栽等优点。目前，我国青花椒生产上以种子繁殖和嫁接苗为主，组培苗的产业化应用尚未开展。

为更好适应现代农业周年生产的需求，应针对重庆地区四季气候差异较大的现状，加快重庆青花椒产业的健康快速发展，实现一年定干、两年试果、三年丰产的美好愿景。在无刺花椒组培种苗温室炼苗移栽技术体系成熟的基础上，通过配方筛选，多规格分级培养，实现了无刺花椒组培种苗大袋育苗，满足了重庆一年四季可发展无刺花椒种植产业的需求，移栽成活率超过98%。

① 多规格分级培养。在大规格苗木生产实践中，一般情况下不使用底盘。底盘为筛状构造，特殊的设计形式对防止根腐病和主根的盘绕有独特功能。侧壁为凹凸相间状，外侧顶端有小孔。当苗木根系向外生长时，由于"空气修剪"作用，促使根尖后部萌发更多，新根继续向外向下生长，极大地增加了侧根数量。无刺花椒大苗培育过程中，一般使用直径30厘米的大袋容器。在移栽到大袋容器之前，需要将温室生长至苗高15厘米左右的组培苗移栽到口径为12厘米左右的小容器中培育3～4个月，待组培苗生长至苗高40厘米左右时移栽到大袋容器中进一步培养，为更好促进荣昌无刺花椒的生长，在幼苗进一步生长时及时用绳索或支架对新梢进行适度绑缚和牵引，促进其快速形成主干。

② 基质配制。在实际生产中，栽培基质要因地制宜，就地取材，并应具备下列条件：来源广，成本较低，具有一定的肥力；理化性状良好，保湿、透气、透水；重量轻，不带病原菌、虫卵和杂草种子。栽培基质分为营养土、无土基质和混合基质。结合以上原则，笔者遴选出适合无刺花椒组培大苗培育的基质，温室幼苗时期，主要使用草炭土、珍珠岩、蛭石比例为6∶1∶1的基质；中间阶段采用草炭土、腐殖土、珍珠岩比例为1∶1∶1的基质；大苗培

育阶段则进一步降低草炭土比例，加大腐殖土比例，以降低成本，具体为草炭土、腐殖土、珍珠岩比例为 1：2：1。先将按配方准备好的材料粉碎，必要时进行过筛；然后按比例将各种材料混合均匀；配制好的基质放置一段时间，使其中的有机物进一步腐熟；最后进行基质消毒。经过 3 个阶段培育出来的大苗，长势旺盛，根系发达，主干壮实，可直接周年应用于无刺花椒大规模基地发展，移栽成活率周年保持在 95％以上。

（三）荣昌无刺花椒苗木出圃

荣昌无刺花椒出圃苗木要发育充实，芽体饱满，无冻害、无机械损伤及无病虫害，其中：1 年生一级苗的苗高＞70 厘米、地径＞0.7 厘米、主根长度＞20 厘米，二级苗的苗高50～70 厘米、地径0.5～0.7 厘米、主根长度 15～20 厘米。出圃前如果土壤干旱缺水应先在起苗前 1～2 天灌一次透水，等土壤稍干后再起苗，这样容易起苗又不损伤根系。起苗时不能用手拔，应用锄头挖，尽量少伤根。起苗后应立即分级进行打捆，每捆 50 株或 100 株，并在根部蘸泥浆。

六、
荣昌无刺花椒丰产栽培技术

（一）整地

1. 整地时间

冬季整地春季栽植或春季随整地随栽植的荣昌无刺花椒成活率均可达90％以上。由于冬季整地可有效截留和储蓄降水，提高土壤墒情，改善立地条件，做到"地等苗"且不误造林时机，成活率最高；春季随整地随栽植，虽然不及冬季整地的土壤蓄水充分，但水分蒸发少，成活率也较高。

（温）（馨）（提）（示）

当前生产中广泛应用的整地后核查整地质量，2～3天后再栽植，这种做法虽然提高了整地质量，但由于土壤水分损失多而降低了造林质量，今后整地必须改变这种做法。

2. 整地方式

荣昌无刺花椒适合穴状整地。与全垦整地破土面大、损失土壤水分多相比，穴状整地破土面小、水分损失少，所以造林成活率高。

3. 整地规格

荣昌无刺花椒穴状整地适宜规格为60厘米×60厘米×50厘米。

（二）荣昌无刺花椒的定干

由于荣昌无刺花椒隐芽萌发力不及九叶青花椒，定干高度过低

（30 厘米）则影响造林成活率；而定干高度过高（70 厘米），苗木在空气中的暴露面积增加，水分损失增加，也会造成荣昌无刺花椒造林成活率下降。生产实践中一般会根据确定的树形，采取合适的定干高度（50～60 厘米），并且在定干时剪口下 10～15 厘米范围内一定要保留 5～6 个饱满芽。

（三）荣昌无刺花椒的苗木处理

荣昌无刺花椒苗木根系蘸泥浆或用 50 毫克/升 ABT 1 号生根剂浸根 1.5 小时栽植的成活率均可达 90％以上。

（四）荣昌无刺花椒的栽植

1. 荣昌无刺花椒的栽植时间

荣昌无刺花椒适合春季 2 月下旬至 3 月下旬或秋季 10 月栽植。春季栽植适合春季降水多而土壤墒情好的地方；秋季栽植适合大部分花椒产区；雨季栽植由于天气难以把握而成活率不稳定，仅可用于小面积补植。

2. 荣昌无刺花椒的栽植密度

荣昌无刺花椒最适宜的栽植密度为 3 米×3 米，这种栽植密度的盛果期花椒树占据空间充分，成年树单位面积产量高。过密则盛果期花椒树相邻株枝条交错或交错严重，虽然单位面积株数有所增加，但单株产量过低，影响单位面积产量。过稀则盛果期花椒树占据空间不足或严重不足，虽然单株产量有所增加，但单位面积株数太少，同样影响单位面积产量。

3. 荣昌无刺花椒的栽植方式

荣昌无刺花椒适合高垄栽培，一般平地垄宽 2～2.5 米、高30～40厘米；排水较好的丘陵或山地则垄高可以低至 15～20 厘米。主要由于荣昌无刺花椒耐旱怕涝，如果春季降水多，平畦栽植容易因积水而烂根使荣昌无刺花椒苗死亡，造林成活率低。高垄栽植不存在积水问题，造林成活率高。

七、

荣昌无刺花椒管护技术

（一）土壤管理

荣昌无刺花椒必须从土壤中吸收大量的营养物质才能满足其生长发育需求，要获得早实丰产、稳产优质，必须要对花椒园进行科学的土肥水管理。

土壤管理实际上是对荣昌无刺花椒地下部分进行的管理，它的目的就是改良土壤的理化性状，防止杂草丛生，补充水分的不足，促进微生物活动，进而提高土壤肥力，以满足荣昌无刺花椒生长发育所必需的营养。荣昌无刺花椒树生长的好差、产量的高低、品质的优劣，与土壤管理是否恰当有很大的关系。

1. 逐年扩穴

在荣昌无刺花椒定植后至盛产期，树冠会逐年扩大，根系也会逐年延伸，应该在荣昌无刺花椒树根际外围挖 20～30 厘米深、40厘米宽的环形带进行深耕扩穴，同时在荣昌无刺花椒树冠根系群区内适度深翻和熟化土壤。

2. 深翻改土

深翻有利于荣昌无刺花椒树根系的生长发育，是荣昌无刺花椒生产上采取的主要增产措施之一。特别是对土层厚度小于 50 厘米的瘠薄山地，或者土层厚度 30～40 厘米以下有不透水黏土层沙地栽植的荣昌无刺花椒，深翻后增产效果会非常明显。

（1）**土壤深翻的时期** 荣昌无刺花椒在春季、夏季、秋季都可以进行深翻，但不同季节深翻对荣昌无刺花椒增产的效果却不同。

一般春季萌芽前深翻土壤对荣昌无刺花椒增产的效果好，因为此时荣昌无刺花椒地上部分尚处于休眠期，而根系刚刚开始活动，深翻损伤的根系容易愈合和再生，深翻后的荣昌无刺花椒立即开始旺盛的生命活动，所以此时深翻的效果好。但是要特别注意，如果深翻后遇到严重的春旱必须要及时灌水才能获得良好的效果。

无灌溉条件的荣昌无刺花椒园宜在夏季梅雨季节下第一场透雨后深翻，可使根系与土壤密接，效果较好，因为夏季深翻后一般正值雨季，土壤与根系密接快，对当年的生长影响很小，且花椒树根系经过夏季和秋季的恢复而对次年花椒的生长影响也很小。但特别要注意少伤根，夏季干旱时要多灌水，否则容易造成花椒树落叶而影响花椒产量。

灌溉条件较好的荣昌无刺花椒园一般在花椒采收后至晚秋季节结合秋季施肥进行深翻，因为此时荣昌无刺花椒地上部分生长缓慢，但正值根系第三次生长高峰，深翻损伤根系的伤口容易愈合，同时能够刺激新根生长，如果秋季深翻后灌一次透水使土壤下沉，更有利于根系生长，特别是深翻后经过冬季，有利于土壤风化和消灭越冬病虫害。但要特别注意冬季严寒、空气干燥的地方秋季深翻容易发生枝条抽干，这些地方不适合采用秋季深翻。

（2）土壤深翻的方法　深翻土壤的深度与荣昌无刺花椒园的立地条件、树龄大小及土壤质地有关，一般荣昌无刺花椒深翻土壤50～60厘米，宜比根系主要分布层稍深。对于土层较薄的山地且下部为风化的岩石或土质较黏重的土壤，深翻应该适当深一些；对于土层深厚或下部土质疏松的沙壤土或壤土深翻应该浅一些。具体的土壤深翻有以下几种。

① 穴盘深翻。主要在荣昌无刺花椒幼树栽植后的前3年，从定植穴边缘开始，每年或隔年向外扩展宽50～150厘米、深20～50厘米的松土带，捡出沙石后埋入有机质，逐年扩大直至全园翻完，有利于荣昌无刺花椒幼树根系生长。

② 隔行或隔株深翻。先在同一个行间翻土，另一行不翻，第二年或几年后再翻未翻过的一行；如果为梯地的，一梯地一行树，可以隔2株深翻一个株间土壤。这种翻土方法每年只伤半边根系，

有利于花椒树的生长。

③ 内半壁深翻。山坡梯地，特别是比较窄的梯地，外半壁土层深厚，内半壁土层较浅且下部土层较硬，深翻时只翻内半壁的土壤，从梯地的一头翻到另一头，一直将硬土层一次性翻完。

④ 全园翻土。树盘下的土壤不翻，或浅翻，其深度在 10 厘米左右；其他土壤进行全面翻土，翻土深度 15～25 厘米。这种方法能一次性完成深翻，有利于机械化施工和平整土地，但容易引起过多伤根，不适合成年花椒园深翻，生产上多用于幼龄花椒园。

⑤ 带状深翻。主要用于宽行密植的花椒园，即在行间自树冠外缘向外逐年进行带状翻土。

无论采用哪种深翻方法，其翻土深度都应根据地势、土壤性质而决定。

温馨提示

深翻时表土要与心土分别放置，回填时表土要填在底部和根系附近，心土铺在上面以利熟化，沙壤土如土层较浅地下有黏土层时应将黏土层挖破，将沙壤土翻至下面与黏土拌和。

最好结合深翻施入有机肥以改良土壤结构和提高土壤肥力。深翻后的下层可施入秸秆、杂草、落叶等，上层可施入腐熟的人畜粪尿与土壤拌和物。深翻时要注意保护根系，尽量少伤直径 1 厘米以上的大根，必须避免根系长时间暴露。如有粗大根系损伤断裂的，最好将断面剪平，以利愈合。

3. 培土

荣昌无刺花椒主干和根颈部，是进入休眠期最晚而结束休眠期最早的部位，抗寒能力差，所以在秋冬季落叶后结合冬季修剪和土肥管理，培（或压）20～50 厘米厚富含有机质的土壤，以保护花椒树根颈部安全越冬。培土所用土壤最好是有机质含量较高的草皮土，翌年春季将这些土壤均匀撒在花椒园，可增厚土层，改良土壤结构，增强保肥蓄水能力。特别是土壤瘠薄的花椒园，培土增厚土层可防止根系裸露，提高土壤保水保肥能力和抗旱性，增加可供树体生长所需养分，减少冬季冻害发生。

4. 园地覆盖

荣昌无刺花椒园地覆盖的方法主要有覆盖地膜、覆草、绿肥掩青等。花椒园覆盖的作用主要是改良土壤、增加土壤有机质；减少土壤水分蒸发，防止雨水冲刷和风蚀，保墒、防旱；提高地温，缩小土壤温度变化幅度，有利于花椒根系生长，而且还能有限抑制杂草滋生等。

(1) 树盘覆膜 早春干旱季节灌水后覆盖地膜，能促进地下根系及早活动。具体方法：以树冠四周滴水流向树干中心的外高内低的要求平整土面，灌水后覆盖普通农用薄膜，使薄膜与地面土壤紧密接触，中心位置留一个小孔并用泥土盖住小孔，以便雨后接住雨水渗水至花椒根系，最后将薄膜四周用土埋住，以防薄膜被风吹走。覆盖地膜能减少土壤水分散失，提高土壤含水率，还能提高土壤温度，使荣昌无刺花椒地下和地上活动均能提早，特别是干旱年份覆盖地膜对树体生长的影响效果更加显著。

(2) 园地覆草 在春季花椒树发芽前，将花椒树树冠内的土壤浅耕后覆盖10～15厘米厚的作物秸秆、杂草、树叶等。幼林期如需间作作物，则只覆盖树盘。成林花椒园一般不宜间作作物，加之树体增大，坐果量增加，养分和水分消耗量加大，需要全园覆盖培肥地力，因此以后每年续铺保持覆草厚度10～15厘米。

(3) 种植绿肥作物 在荣昌无刺花椒成龄园的行间空地间作紫云英、苜蓿、紫穗槐、苕子、蚕豆、肥田萝卜等绿肥作物，可以增加土壤有机质含量，提高土壤肥力，同时保持土壤不受冲刷，有利于荣昌无刺花椒园的水土保持，达到以园养园的目的。

5. 除草松土

在荣昌无刺花椒生长发育过程中，特别是幼林生长期必须要及时中耕除草，否则就会杂草丛生。杂草不但与花椒树争夺水分和养分，而且如果杂草荫蔽了花椒树有可能造成整个花椒园毁于一旦。

除草主要有中耕除草、覆盖除草、药剂除草三种方法，其中覆盖除草效果最好，药剂除草次数过多对花椒树生长有一定影响，中耕除草次数要求多、费工费时且效果尚不够理想。在花椒园行间空地种植绿肥作物和在花椒树下覆盖秸秆的除草效果比较理想，绿肥作物种植最好是每年在花椒园行间深耕后重新播种，树下秸秆覆盖宜在2～3年深耕一次后重新覆盖。

（1）中耕除草 在荣昌无刺花椒生长季节里要及时进行中耕除草，做到"有草必除、雨后必除、灌水后必除"，以疏松土壤、保墒抗旱、减少土壤水分蒸发、防止土壤板结和杂草滋生。中耕除草因不同树龄、不同间作作物种类、不同天气状况而不同，一般应在杂草刚发芽时进行第一次除草和松土，在6月底以前花椒苗生长最旺盛的季节也是杂草繁殖最快的时期进行第二次松土除草，松土除草时注意千万不要损伤花椒苗的根系。一般定植当年中耕除草4～5次，第二年3～4次，第三年2～3次，第四年及以后每年1～2次。杂草多且土壤容易板结的地方，每次降水或灌溉后，应松土一次。中耕除草时还要适当给根颈培土，以保持根系所需水分，又可防止根际积水。春、夏、秋三季均可进行中耕除草，春夏季浅锄，深度6～10厘米，过深伤根，对树体生长不利，过浅起不到除草的作用；秋季中耕在花椒采收落叶后适当加深松土。花椒园间作作物的，其中耕次数和时间还应当根据作物生长需要进行适当调整。

（2）覆盖除草 除整修梯田、深翻改土、加厚土层、中耕除草以外，一些管理较好的花椒园，采用地面覆盖的办法，不仅可以抑制杂草滋生，还可以避免阳光对花椒园地面的直接照射，有效减少地面蒸发，收到良好的抗旱保墒效果。

① 秸秆覆盖。秸秆覆盖除草是最好的一种方法，应该大力提倡。一般可用稻草、玉米秆、绿肥作物、野草、花椒副产品等。覆盖的厚度约为5厘米，覆盖的范围应大于树盘的范围，盛果期则需全园覆盖。覆盖后，隔一定距离压一些土，以免被风吹走，等到花椒果实采收后，结合秋耕将覆盖物翻入土壤中，然后重新覆盖或在

农作物收获后,再把所有的庄稼秸秆打碎铺在地里,使其腐烂,以增加土壤有机质,改善土壤结构。腐烂前,秸秆铺地,还能防止杂草滋生。行间种植以豆科绿肥作物等为宜,适时刈割翻埋于土壤中或用于树盘覆盖。行间绿肥作物每年深翻一次较好,重新播种,树下则以 2～3 年深耕一次重新覆盖为好。

② 防草布覆盖。平地沿树行覆盖,宽 1.5 米,坡地对树盘进行局部覆盖,面积 1～2 米²。防草布也称"园艺地布""除草布""地面编织膜"等,是由抗紫外线的 HDPE(高密度聚乙烯)材料窄扁条编制而成的一种布状材料,耐踩踏,不影响田间作业,露地可连续使用 3～5 年,可抑制杂草生长、提高水分利用率、增加营养供给、减轻病虫危害,综合经济成本较低。

(3) 药剂除草 即用化学除草剂来除灭杂草。用药剂除草,工效高,效果好。如果草荒严重,花椒树面积大,应用化学除草是行之有效的方法。但其容易造成地面光秃,不能增加土壤有机质含量,也不能改善水分供应状况,应严格掌握使用条件,以免使用不当产生药害。

花椒园一年除草 2～3 次,一般防除 2 次即可。防除时间选择在 4～6 月和 9～10 月,在杂草生长至 4～5 片叶或株高 30 厘米以下时是最佳防除期,选择对土壤和作物安全且防除杂草效果较好的除草剂。可选择的药剂:18%草铵膦可溶液剂 80 毫升兑水 15 千克,41%草甘膦水剂 70 毫升兑水 15 千克,50%草甘膦可溶粉剂 50 克兑水 15 千克。

6. 花椒园间作

为充分利用花椒园内土地空间,可在花椒树封行前,适量间作豆类作物、蔬菜、绿肥作物、药用植物、花卉等低秆作物以提高土地利用率,同时改良土壤促进花椒树生长,增加收益。尽量不间作需水量大的瓜菜、树苗等,也不间作块根类植物和高粱、玉米等高秆作物,更不能间作藤蔓植物以及有与荣昌无刺花椒树相同病虫害或中间寄主的作物。

温馨提示

　　为解决长期连作容易造成某种作物病原菌在土壤中积存过多而抑制花椒和间作作物生长发育的问题，在间作时一定要实行轮作和换茬，一般一年一茬或一年两茬。为缓和花椒树与间作作物之间的水肥矛盾，在间作时还要留出一定的营养面积，一般前两年留出 1 米×1 米的树盘，3 年后，随树冠逐渐扩大而扩大。要留出 1.5 米以上营养带。总之，在树冠下的树盘内，不要种植任何作物，还要经常松土除草。

（二）施肥管理

1. 肥料种类和性质

　　（1）农家肥　农家肥是指在农村中收集、积制的各种动物性和植物性有机肥料。如人粪尿、厩肥、饼肥、堆肥、泥肥、草木灰、无害垃圾及骨粉等。一般能供给作物多种养分和改良土壤性质，特别是农家肥通过微生物群落的缓慢分解而释放养分，可以在荣昌无刺花椒整个生长期中持续不断地发挥肥效，满足花椒不同生长发育阶段和不同器官对养分的需求。农家肥是长时期供给荣昌无刺花椒树多种养分的基础性肥料，故称"完全肥料"，常作为基肥施用。

　　农家肥的种类繁多而且来源广、数量多，可就地取材，就地使用，成本也比较低。农家肥所含营养物质比较全面，它不仅含有氮、磷、钾，还含有钙、镁、硫以及一些微量元素。这些营养元素多呈有机状态，难于被作物直接吸收利用，必须经过土壤中的化学物理作用和微生物的发酵、分解，使养分逐渐释放，因而肥效长而稳定。另外，施用农家肥有利于促进土壤团粒结构的形成，使土壤中空气和水的比值协调，使土壤疏松，增强保水、保温、透气、保肥的能力。但在使用农家肥时一定要注意使用充分腐熟的肥料，未经腐熟的肥料施用后容易伤根且容易发生虫害，对荣昌无刺花椒根系不利。

农家肥的分类使用：

① 堆肥。以杂草、垃圾为原料，可因地制宜使用，最好结合春、秋中耕除草施作底肥。

② 猪粪。有机质和氮、磷、钾含量较多，腐熟的猪粪可施于各种土壤。

③ 牛粪。养分含量较低，是典型的凉性肥料。将牛粪晒干，掺入3％～5％的草木灰或磷矿粉或马粪进行堆积，可加速牛粪分解，提高肥效，最好与热性肥料结合使用，或施在沙壤地和阳坡地。

④ 人粪尿。发酵腐熟后可直接使用，也可与土掺混制成大粪土作为追肥。

⑤ 家禽肥。养分含量高，可作为种肥和追肥，最适用于花椒园间作蔬菜。

(2) 绿肥 绿肥是指用绿色植物体制成的肥料。绿肥是一种养分完全的生物肥源。种绿肥作物不仅是增辟肥源的有效方法，对改良土壤也有很大作用。但要充分发挥绿肥的增产作用，必须做到合理施用。绿肥能为土壤提供丰富的养分。各种绿肥作物的幼嫩茎叶，含有丰富的养分，一旦在土壤中腐解，能大量地增加土壤中的有机质和氮、磷、钾、钙、镁和各种微量元素。每1 000千克绿肥鲜草，一般可供给氮素6.3千克、磷素1.3千克、钾素5千克，相当于13.7千克尿素、6千克过磷酸钙和10千克硫酸钾。

利用荣昌无刺花椒园行间空地种植绿肥作物或利用园外野生植物的鲜嫩茎叶做肥料，是解决荣昌无刺花椒园有机肥料不足，节约投资，增加花椒园土壤肥力，生产绿色花椒产品的重要措施。

绿肥作物的根系发达，如果地上部分产鲜草1 000千克，则地下根系就有150千克，能大量地增加土壤有机质，改善土壤结构，提高土壤肥力。豆科绿肥作物还能增加土壤中的氮素，据估计，豆科绿肥中的氮有2/3是从空气中来的。

绿肥能使土壤中难溶性养分转化，以利于作物的吸收利用。绿肥作物在生长过程中的分泌物和翻压后分解产生的有机酸能使土壤中难溶性的磷、钾转化为作物能利用的有效性磷、钾。

绿肥能改善土壤的物理化学性状。绿肥翻入土壤后，在微生物的作用下，不断地分解，除释放出大量有效养分外，还形成腐殖质，腐殖质与钙结合能使土壤胶结成团粒结构。有团粒结构的土壤疏松、透气，保水保肥力强，调节水、肥、气、热的性能好，有利于作物生长。

绿肥能促进土壤微生物的活动。绿肥施入土壤后，增加了新鲜有机能源物质，使微生物迅速繁殖，活动增强，促进腐殖质的形成和养分的有效化，加速土壤熟化。

荣昌无刺花椒园地面覆盖以盖草效果最好，在花椒园行间空地种植绿肥作物实际上就是生草覆盖，每年轮作的矮秆绿肥作物可直接翻压在花椒树冠下后灌水加速腐烂增加土壤有机质，改善土壤结构；高秆绿肥作物则收割后异地堆沤待腐烂后施于花椒树下。

（3）化肥　化肥是化学肥料的简称，是指用化学和（或）物理方法制成的含有一种或几种农作物生长需要的营养元素的肥料，也称无机肥料，包括氮肥、磷肥、钾肥、微肥、复合肥料等。尿素是由一种元素构成的单元素化肥，磷酸二氢钾是由两种以上元素构成的复合肥。

化肥优点：成分单纯，养分元素明确且含量高，施用方便，容易保存；分解快且容易被吸收，肥效快，肥劲猛，可以及时补充花椒树生长所需的营养。

化肥缺点：某些肥料有酸碱反应，长期单独施用或过量施用容易改变土壤的酸碱性，破坏土壤结构，使土壤板结，导致土壤结构和理化性质变劣，土壤中的水、肥、气、热不协调；化肥施用不当容易引起作物的缺素症；化肥过量施用容易导致肥害；化肥一般不含有机质，无改土培肥的作用。

因此，荣昌无刺花椒园以施有机肥为主，化肥为辅，化肥与有机肥相结合，土壤施肥与叶面施肥相结合，相互取长补短。施化肥时要准确掌握用量并均匀撒施，减少单施化肥给土壤带来的不良影响。

2. 施肥时期与施肥量

荣昌无刺花椒一般每年施肥 4～5 次，农家肥以猪粪水最好，关键是要把握好还阳肥、月母肥、越冬肥、促花壮芽肥、壮果肥等 5 次施肥时间。

（1）还阳肥（催芽肥）　一般在采果前 10～15 天因地制宜施好还阳肥，以施用高氮低钾的复合肥为主，可以选择在降水前后施用 40％美丰比利夫复合肥（28 - 6 - 6）＋有机肥，或 51％美丰比利夫复合肥（17 - 17 - 17）＋有机肥，也可以施用 40％撒可富复合肥，以上肥料均可撒施在树盘滴水处，也可以兑清粪水灌施或穴施，然后进行土壤覆盖。施肥量占全年施肥量的 50％左右。

（2）月母肥（基肥、复壮肥）　一般在 8～10 月施月母肥，以施有机肥为主，也可选择在降水前后施用 51％美丰比利夫复合肥＋有机肥＋腐熟油枯饼，或 40％撒可富复合肥，兑清粪水灌施或穴施，然后进行土壤覆盖。施肥量占全年施肥量的 20％左右。

（3）越冬肥　11～12 月，看树施肥，树势较差的可施用 51％美丰比利夫复合肥＋有机肥，施肥量占全年施肥量的 10％左右。施好越冬肥能促进花芽分化；树势较好的可免施越冬肥。

（4）促花壮芽肥　1 月中旬至 2 月上旬，选施低氮高钾的复合肥，如施用 46％美丰比利夫复合肥（17 - 7 - 22）＋有机肥，施肥量占全年施肥量的 10％左右。

（5）壮果肥（稳果肥）　4 月上中旬施壮果肥，以磷、钾肥及微肥为主，也可施用含钾较高的 46％美丰比利夫复合肥，或高钾的撒可富复合肥。施肥量占全年施肥量的 10％左右。

（6）根外追肥　根外追肥在花椒谢花后膨大期即 3 月下旬至 5 月上旬均可施用。花椒在新梢生长、花芽分化、果实形成 3 个重要物候期，表现出短时间内对养分需求量大而且集中的特点，通过根外追肥可补充花椒树的需肥量。花椒采收后的 8～11 月，也需要通过根外追肥补充养分，为花椒越冬和次年花椒丰产储备营养。

①新梢速生期根外追肥。新梢速生期前先喷施 1.5％硫酸锌 1 次；新梢速生期内叶面喷施易普朗（98％磷酸二氢钾）25 克或天

赐宝 25 克，兑水 100 千克，或直接用 0.3％磷酸二氢钾＋0.5％尿素液叶面喷施，1～2 次。

②花期及花期前后根外追肥。在荣昌无刺花椒开花前用多聚硼 6～10 克，兑水 100 千克，叶面喷施 1～2 次；花期内用赤霉素 1 克或稀土 30 克，兑水 100 千克，叶面喷施 1～2 次；谢花后用速乐硼 10 克＋优聪素 1 号 25 克，兑水 100 千克，叶面喷施 1～2 次，能有效保花保果及促进其生长。

③果实速生期根外追肥。可用 70％安泰生 25 克＋美新丰 20 克（或天赐宝 25 克），兑水 100 千克，叶面喷施 1 次；隔 1 周再用优聪素 1 号 25 克＋天赐宝 25 克（或沃生 10 毫升），兑水 15 千克，叶面喷施 1～2 次。

④果实膨大期根外追肥。可以选用易普朗（98％磷酸二氢钾）25 克，或尿素 300 克，或硼酸 300 克，或过磷酸钙 2 千克，或优聪素 1 号 25 克＋美新丰 20 克，兑水 100 千克，叶面喷施 2～3 次。果实膨大后期至采收前 1 个月还可以施用 0.2％防落素 1 次。

此外，在花椒采收后的生长期可以施用 0.2％多元液体肥，后期可以施用 0.3％氯化钾或 0.5％硫酸钾。

3. 施肥方法

（1）撒施法 在花椒施肥季节，降水前后将 40％～51％复合肥撒施于荣昌无刺花椒树盘滴水周围处，再进行浅耕土壤覆盖。撒施法的优点是全园施肥面积大，根系吸收养分均匀，缺点是长期浅施容易导致根系上浮而降低抗逆性。宜与放射沟施肥法轮换使用，方可互补不足，发挥最大肥效。

（2）放射沟施肥法 在荣昌无刺花椒树冠下距离主干 1 米左右的地方开始，以主干为中心向外呈放射状挖 4～8 条至树冠投影外缘的施肥沟，沟宽 30～50 厘米，沟深 15～30 厘米，将混合均匀的肥土施入沟内。开沟时要顺水平根生长方向且要注意避开大根开挖。隔年或隔次更换放射状沟的位置，或与撒施法轮换使用，扩大施肥面，促进根系吸收。

（3）环状施肥法 适用于平地花椒园，是以荣昌无刺花椒树干为中心，在树冠周围滴水处挖一环状沟，沟宽 20～50 厘米，沟深 20～40 厘米，少伤根系。挖好沟以后，将肥料与有机肥混匀施入，覆土填平。

（4）条状施肥法　适合宽行密植的荣昌无刺花椒园，一般结合秋季耕翻，在荣昌无刺花椒树行间或株间或隔行开沟施入肥料，施肥沟宽、深与环状施肥法相同。次年施肥沟可移至树冠另外两侧。

（5）穴状施肥法　在荣昌无刺花椒树冠投影下，距离树干 1 米外挖穴施肥。

（6）根外追肥（叶面施肥）　根外追肥是根据荣昌无刺花椒各生长发育时期对不同营养元素的需求，将营养物质（肥料）经稀释后进行叶面喷施，以及时补充树体对营养的需求。一般叶面喷施后 15 分钟至 2 小时营养元素就能被吸收利用，24 小时吸收量可达 80％以上。

① 喷肥时间。根外追肥一般宜选择阴天或晴天的早、晚进行，夏季喷肥时间一般在 10:00 或 17:00 后。雨天不适合根外追肥，叶面喷施肥料后 24 小时内如遇下雨，雨水会将肥料冲刷掉，叶片吸收利用少；高温的中午也不适合根外追肥，因为高温使植物气孔关闭，吸收少，肥液容易蒸发损失。

② 喷洒部位。叶背气孔多，吸收速度快。因此，根外追肥时要将花椒叶片正反面、花椒树内外全面喷洒，并且肥液喷雾要细，刚好喷湿叶面而其上的肥液不下滴为好，否则肥液损失多。

③ 混合喷施。根外追肥时可多种类肥料混合喷施，也可肥料与杀虫剂、杀菌剂等混合喷施，达到供给养料与防治病虫害相结合的目的。但要注意不同酸、碱性质的肥料与农药不可混用，以免发生化学反应而失效。同时，混合喷施时，浓度要适当降低，以免发生肥害、药害。

（三）水分管理

1. 灌水

土壤水分对荣昌无刺花椒的生长和花芽分化有较大影响，特别是在干旱或降水分布不均的年份，灌水对荣昌无刺花椒的产量影响相当大。

（1）灌水时期 荣昌无刺花椒一年中灌水的关键时期是萌芽前、幼果膨大期、果实膨大中后期、新梢生长期4个时期。在气温较高、土壤比较干旱的夏季，需视情况及时补充灌水。

① 萌芽前灌水。为补充荣昌无刺花椒越冬期间的水分损耗，促进荣昌无刺花椒树的萌芽和开花，在干旱年份萌芽前必须灌水。

② 幼果膨大期灌水。荣昌无刺花椒枝叶生长旺盛，幼果迅速膨大时，对水分最为敏感，应灌足膨大水，这对保证当年产量、品质和第二年的生长、结果具有重要作用。

③ 果实膨大中后期灌水。在荣昌无刺花椒果实膨大中后期，如遇干旱需灌水1次，保持土壤水分以中午树叶不萎蔫、梢不旺长为宜。灌水需在早或晚进行，不宜中午或下午灌水，否则会因突然降温导致荣昌无刺花椒根系吸水功能下降，造成花椒生理干旱而死亡。

④ 新梢生长期灌水。在雨水较少的夏秋季，为了促进荣昌无刺花椒新梢的生长，也应在早、晚时灌水，有利于营养物质的积累，促进花芽分化。

（2）灌水方法

① 行灌法。适用于地势平坦的荣昌无刺花椒幼龄园。在树行两侧，距树各50厘米左右修筑土埂，顺沟灌水。行较长时，可每隔一段距离修一横渠，分段灌水。

② 分区灌溉法。适用于根系庞大、需水量较多的成龄荣昌无刺花椒园。将荣昌无刺花椒园分成许多长方形小区，纵横做成土埂，或每棵树单独成为一个小区。小区与田间主灌水渠相通。

③ 树盘灌水法。以荣昌无刺花椒树干为中心，在树冠投影以内的地面，以土做埂围成圆盘，稀植荣昌无刺花椒园、丘陵区坡台地及干旱地多采用此法。

④ 穴灌法。在荣昌无刺花椒树冠投影的外缘挖穴，将水灌入穴中。穴的数量依树冠大小而定，一般每株荣昌无刺花椒挖直径

30 厘米左右、穴深以不伤粗根为准的灌水穴 5～8 个，灌水后还土覆盖。

⑤ 环状沟灌法。在荣昌无刺花椒树冠投影外缘修一条环状沟进行灌水，沟宽 20～25 厘米、深 10～15 厘米。适宜范围与树盘灌水相同，但更省水，尤其适用于树冠较大的成龄荣昌无刺花椒园。

2. 覆盖保墒

每年 4～6 月和 9～10 月除草 2～3 次。4～6 月中耕深度 10 厘米左右，在杂草生长 4～5 片叶或株高 30 厘米以下除草效果最佳，除去的杂草可以覆盖树盘保墒并能抑制树盘内的杂草生长。9～10 月是荣昌无刺花椒结果枝组的生长期，中耕后正值根系第三次生长高峰，伤口容易愈合，中耕深度 20 厘米左右，能刺激新根的生长，在晚秋季节可结合施月母肥进行中耕除草。以豆科绿肥作物为主的间作作物适时刈割覆盖树盘，晚秋用稻草、玉米秆或秋季除去的杂草覆盖树盘，既可保墒，又能提高地温。冬季气温较低的地方，可以在树干周围 1 米范围内铺设地膜或树叶、木屑等提高地温，防止荣昌无刺花椒树遭受冻害。

3. 排水

荣昌无刺花椒园地排水是在地表积水的情况下解决土壤中水、气矛盾，防涝保树的重要措施。在雨季特别注意低洼易涝区要及时排水，多雨季节更应及时检查和疏通所有排水沟渠，加强荣昌无刺花椒园排水，防止根系缺氧而引起花椒树的死亡。

（四）花果促控

1. 落花落果的原因分析

影响荣昌无刺花椒开花坐果的因素主要有树体储藏养分的多少、气候条件的优劣、果实发育的快慢及病虫害。因此，在荣昌无刺花椒开花和果实发育过程中发现落花落果也是一种正常现象，其主要原因在于：一是树势弱、树体储藏养分少的花椒树，会因营养不良而落花落果；二是气候条件恶劣，如遇低温冻害，或长期干旱，或枝条过密光照不足，或雨水过多等不良环境条件，影响授粉受精而落花落果；三是同一果序中，由于果实生长发育速度有快有慢，发育慢的果实因营养缺乏而落果；四是病虫危害，病虫滋生危害将导致落花落果。

2. 提高坐果率的途径

（1）增加树体营养成分 栽植荣昌无刺花椒时宜选择土层厚度≥80厘米且土壤肥沃疏松的地块栽种，以满足其生长结果的养分需求。栽植后要做到科学合理施肥、适期浇水，以补充荣昌无刺花椒生长结果所需养分和水分。

（2）注意气候条件的影响

① 防抗低温冻害。主要是秋冬或冬春季节交替时，由于剧烈降温可能使荣昌无刺花椒遭受霜冻，最常见、危害最大的是倒春寒的春霜冻害（花序冻害）。防抗低温冻害主要采取以下措施：一是加强田间管理，荣昌无刺花椒采收后及生长后期要注意及时施肥，控制好氮肥的施用量，增施磷钾肥，做好病虫害的防治工作，增强树势。二是灌水喷水，在霜冻前2～3天进行灌水喷水以改变土壤水分含量，减慢树体近地面气温变化速度，减轻树体因温度剧烈变化引起的寒害程度。在霜冻发生期连续对树体喷水，也可减慢树体温度变化速度，减轻低温危害。三是熏烟，用硝酸铵：锯末＝3：7的比例配制成烟雾剂，每亩用量3千克，点燃熏烟使花椒园上空20米以内被烟雾层笼罩，可以减少地面的散热，并且提高花椒树树冠近地气层温度1～2℃，熏烟堆的点火时间应根据天气预报在花椒园气温降至3℃以下时进行。四是喷防冻药，主要使用收老药、防冻剂、高脂膜等来减少树体的蒸发量，防止冻害发生。还可应用植物生长调节剂，喷施比久、萘乙酸钾盐等来延迟花椒的开花期，避免花椒在花期受到冻害。五是树干涂白，用生石灰1份、多菌灵0.1份、水20份加黏着剂制成的涂白剂或者晶体石硫合剂30倍液来进行树干涂白，可以有效延迟早春树液流动，推迟树体花、叶、芽萌发4～5天。六是冻害后的补救，特别是树干出现冻害时，要及时灌水或者喷施生长调节剂，保证前期的水分充足，补给养分，确保树势恢复。在萌芽前后要剪去受冻而枯死的树梢，剪后伤

口要及时涂抹保护剂，减少水分蒸发，防止病虫侵害，增强树体抗逆性。

② 防止长期高温干旱。当空气温度达到 35 ℃时，荣昌无刺花椒的叶片气孔关闭，停止呼吸，而且还要用有机营养来降温，保护树体及果实免受高温伤害。当地面温度达到 35 ℃时，荣昌无刺花椒根系停止生长，不吸收营养，相当于给花椒树上部断粮断水。面对长时间高温干旱，应当采取应对措施：一是叶面喷施高磷高钾肥或者金福牛、JFN，通过叶片补充营养，增加叶片厚度，增强叶片抗逆性；二是地下冲施高磷或高钾肥及矿物晶体时，加上有机营养＋菌剂冲施肥，改良土壤环境，给根系尽量创造一个适宜的生长环境，最大限度保证根系吸肥吸水能力，保证树体对营养的需求，增强树体对高温干旱的抗逆性；三是适度浇水以补充树体水分；四是生草覆盖，茂密的草能保肥保水保根系，相当于给根系搭了一个凉棚，同时能改善花椒园的小气候，降温 2～3 ℃；高温时段留 15 厘米左右的高茬后割草，以免嫩草干后伤害表层根系而致死亡；五是天旱防虫，保护好花椒叶片也就保护了花椒果实。

③ 防止雨水过多。荣昌无刺花椒属于浅根系树种，雨水过多容易导致叶部病害和根部病害发生，雨涝防病就是指的这种情况。防止雨水过多对花椒造成的伤害，主要有以下 3 种应对措施：一是高垄栽培，在荣昌无刺花椒定植时就要进行高垄栽植，一般平地起垄宽 2～2.5 米、高 30～40 厘米，排水较好的丘陵或山地起垄可以低一些，垄高 15～20 厘米即可。起垄时需要留出 50～100 厘米宽的作业道，方便施肥、浇水、除草、治病、治虫、修枝、整形、采收。二是根据地势建好排水系统，低洼地应该顺应地势，挖纵横沟壑，将水导向园外；修筑梯田的山坡地则应该在花椒园的最上部外围，沿着等高线挖出排水沟，中间有阻碍导水的地方要打破隔断引水出园。三是科学施肥增强树势，以有机肥为主，配合施加氮磷钾肥料、其他中微量元素肥料等，培养壮树，提高荣昌无刺花椒的抗涝能力。

④ 防止光照不足。荣昌无刺花椒属于喜光植物，光照不足影

响花椒树生长，影响授粉受精而落花落果。应对措施：一是定植前要选择向阳地段栽种，增加光照时间；二是将花椒园中的杂树砍伐，防止杂树遮光；三是对花椒树进行科学合理的整形修剪，培养良好的树体结构，增加光照效果。

（3）促花促果

① 增加人工授粉。选择在荣昌无刺花椒花瓣分泌物增多的时期开展人工授粉促进成花，提高开花坐果率。

② 促进幼树成花。采用比久1 500毫克/千克＋乙烯利800毫克/千克对荣昌无刺花椒结果幼树树冠喷雾，可控梢促花。

③ 防止成龄树落花。荣昌无刺花椒花期需要消耗大量养分，此期应该进行叶面施肥及时补充养分。一是在盛花期叶面喷施10毫克/千克赤霉素或0.5％硼砂；二是在盛花期、终花期喷施0.3％磷酸二氢钾＋0.5％尿素水溶液各1次；三是落花后每隔10天喷施一次0.3％磷酸二氢钾＋0.5％尿素水溶液，共喷施2～3次。

（4）疏花疏果　盛果期的荣昌无刺花椒树，应适时进行疏花疏果，以保障花椒园的丰产和稳产。花序刚分离时为疏花疏果最佳时期，疏花疏果应整序摘除。疏花疏果量应根据结果枝新梢长度来决定，一般5厘米以上的长结果枝占1/2以上的花椒树应该摘除1/5～1/4的花序，5厘米以上的长结果枝占1/2以下的花椒树应该摘除1/4～1/3的花序，以确保花椒树营养生长良好，为花芽形成和果实生长提供充足的营养。对于具体的每一株花椒树而言，除了考虑树体长势以外，同时还要考虑树冠内各主枝、侧枝和枝组之间的长势及平衡关系，最终确定不同长势枝条上的疏除量。一般强旺的主枝、侧枝和枝组不疏或少疏花序，让其多结果，缓和长势；生长弱的主枝、侧枝和枝组应该多疏花序，让其少结果，复壮长势。对于前后部长势差异较大的同一主枝或侧枝，如果前强后弱则不疏或少疏前部花序，多疏后部花序，让前部多结果以缓和长势，后部少结果以复壮树势；如果前弱后强则不疏或少疏后部花序，多疏前部花序，让后部多结果以缓和长势，前部少结果以复壮树势。这样既达到了疏花疏果的目的，又起到了平衡枝势和树势的作用，能够获得两全其美的效果。

（5）加强病虫害防治

① 加强土肥水管理。加强荣昌无刺花椒园的土肥水管理，培养健壮树体，增强树体对病虫害的抗性。

② 做好病虫害预防。做好荣昌无刺花椒园的病虫危害预防工作。秋季花椒树落叶后，结合清园喷洒一次波尔多液，春季花椒树萌动后再喷洒一次石硫合剂，可以大大降低花椒园害虫病的发生。

③ 做好病虫害预测预报。做好荣昌无刺花椒病虫害预测预报工作，在花椒开花坐果期要随时检查。

④ 及时防虫治病。一旦发现病虫害要及时防虫治病，减轻病虫害对开花坐果的影响。

总之，提高荣昌无刺花椒树的开花坐果率是花椒种植管理过程中的一个重要环节，直接关系到花椒的产量，种植户对每一个细节都要做到规范管理。

（五）整形修剪

1. 整形修剪的作用和依据

（1）整形修剪的作用　整形修剪是荣昌无刺花椒栽培管理中的一项十分重要的技术措施。整形是根据荣昌无刺花椒树的生物学特性，结合一定的自然条件、栽培制度和管理技术，造成在一定空间范围内，有较大的有效光合面积、能担负较高产量、便于管理的合理树体结构。修剪是根据荣昌无刺花椒生长、结果的需要，用以改善光照条件、调节营养分配、转化枝类组成、促进或控制生长发育的手段。依据修剪才能达到整形的目的，而修剪又是在确定一定树形的基础上进行的。荣昌无刺花椒的整形修剪就是依据荣昌无刺花椒生长结果的特性，使其形成丰产的树体结构，维持树体良好的从属关系，协调树体各部分各器官之间的平衡，调节营养生长和生殖生长的关系，改善光能利用条件，增加结果部位，从而建立合理的丰产群体。

荣昌无刺花椒栽植后如果不整形修剪，任其自然生长，则往往树冠郁闭，枝条紊乱，树冠内通风透光不良，导致病虫滋生，树势逐渐衰弱，产量减低，品质下降。而进行合理的整形修剪，则可以充分利用阳光，调节营养物质的制造、积累及分配，调节生长及结果之间的平衡关系，有利于花椒树骨架牢固，层次分明，枝条健壮，结构合理，光合作用强，通风良好，减少病虫害发生，既可提高产量，增产幅度可达35％以上，又可增延树龄，同时提升品质。

荣昌无刺花椒修剪的主要作用：一是在一定条件下，修剪增强了被剪枝条的生长势，减弱了整个花椒树体的生长；二是修剪控制和调节了花椒树体营养物质的分配、运输和利用，有利于生长和结果；三是修剪有效地调节了花、叶芽的比例，使生长和结果保持适当的平衡，增加叶枝的比例，以利结果，提高产量；四是修剪可以改善光照条件和提高光合效能。

（2）整形修剪的依据

① 自然条件和栽培技术。不同的自然条件和栽培技术，对荣昌无刺花椒树会产生不同的影响。因此，整形修剪时，应考虑当地的气候、土肥条件、栽植密度、病虫防治以及管理等情况。一般土层深厚肥沃、水肥比较充足的地方，荣昌无刺花椒树生长旺盛，枝多冠大，对修剪反应敏感，因此整形修剪时应该适量轻剪，多疏剪，少短截。反之，在寒冷干旱、土壤瘠薄、水肥条件使生长和结果不足的山地，荣昌无刺花椒树生长较弱，对修剪反应敏感性差，整形修剪时应该适当重剪，少疏剪，多短截。

② 树龄和树势。对荣昌无刺花椒幼树整形修剪的要求，主要是及早成形，适量结果；荣昌无刺花椒盛果期的树势渐趋缓和，整形修剪的要求是高产稳产，延长盛果期年限；荣昌无刺花椒衰老期树势变弱，整形修剪的要求是更新复壮、恢复树势。因此，不同年龄段的荣昌无刺花椒树，其修剪量和修剪方法应有所不同。

树势强弱主要根据外围1年生枝的生长量和健壮情况，秋梢的数量和长度，芽的饱满程度和叶痕的表现等来判断。一般幼树的1年生枝较多而且年生长量大，秋梢多而长，两三年生部位中、短枝多，颜色光亮，皮孔突出，芽大而饱满，内膛枝的叶痕突出明显，说明树体健壮，应该多疏剪，少短截。如外围1年生枝短而细，春梢短，秋梢长，芽瘦小，短壮枝少，色暗，剪短芽口青绿色，皮层薄，说明营养积累少，树势较弱，应该少疏剪，多短截。

③ 树体结构。整形修剪时，要考虑骨干枝和结果枝组的数量比例、分布位置是否合理、平衡和协调。如配置分布不当，会出现主从不清、枝条紊乱、重叠拥挤、通风透光不良、各部分发展不平衡等现象，必然会影响正常的生长和结果，必须通过逐年修剪予以解决。

各类结果枝组的数量多少、配备与分布是否适当，枝组内营养枝和结果枝的比例及生长情况，都是直接影响光能利用，影响枝组寿命和高产稳产的因素。对于枝组强弱，结果枝多少，应通过逐年修剪进行调整。

④ 结果枝和花芽量。对不同树龄的荣昌无刺花椒树结果枝和营养枝应有适当比例。幼树期营养枝多而旺，结果枝很少，则不能早结果和早期丰产。成年树结果枝过多而营养枝过少时，消耗大于积累，不利于稳产。老年树结果枝极多，而营养枝极少，而且很弱，说明树势已弱，需要更新复壮。

花芽数量和质量是反映树体营养的重要标志，营养枝苗壮，花芽多，肥大饱满，鳞片光亮，着生角度大而突出，说明树体健壮。而树梢长势弱，花量过多，芽体瘦小，角度小而紧贴枝条，说明树体衰弱。修剪时应根据当地各种条件恰当地确定结果枝和花芽留量，以保持树势健壮，高产稳产。

2. 修剪时期和方法

（1）修剪时期 荣昌无刺花椒的整形修剪，一般可分为冬季修剪和夏季修剪两种。冬季修剪是指从荣昌无刺花椒树落叶后到第二年发芽前的一段时间内进行的修剪，也叫休眠期修剪。夏季修剪是指在荣昌无刺花椒树生长季节进行的修剪，也叫生长期修剪。

在冬季，荣昌无刺花椒树营养逐步从叶子转运到小枝内，再运到大枝继而运到主干上，然后由主干往根系运送。到了春天萌芽前，这些营养又向上述的反方向运至枝和芽内，供萌芽、开花之所需。冬季修剪的绝大多数方法都是剪去一定数量的枝和芽，这些枝和芽所保留的养分，也就随之而浪费了。为了减少养分的损耗，在养分由枝、芽向根系运送结束但还没有来得及再由根、干运回至枝、芽之前的一段时间内进行修剪最为有利。实践证明，冬季修剪的最好时期应该在1～2月。冬季修剪大都有局部刺激生长的作用，因为剪去了一部分枝、芽，使去年积累的养分更为集中地运送到枝顶生长部分，而且分配的量也多，再加上输导组织的改善和运输道路的缩短，往往对剪口下的枝芽有明显的刺激作用。

荣昌无刺花椒整形的有利时期应该在生长季节。一般在荣昌无刺花椒生长季节，为了抑制新梢旺长，去掉过密枝、重叠枝、竞争枝，大多进行夏季修剪；夏季修剪可以改善通风透光条件，提高光合作用，使养分便于积累，促使来年形成更多的结果枝。所以说，冬季修剪能促进生长，夏季修剪能促进结果。

对于荣昌无刺花椒旺幼树，在秋季枝条基本停止生长时进行修剪，剪去枝条的不充实部分，可以改善光照条件，充实枝芽，有利于越冬。

（2）修剪方法 荣昌无刺花椒因修剪的目的和时期不同而采用的方法也有所不同。冬季修剪时，树体的大部分养分已输送到骨干枝和根部储藏起来，修剪损失养分最少，一般多采用短截、疏剪、缩剪、甩放等方法；夏季修剪可以调节养分的分配运转，促进坐果和花芽分化，一般多使用开张角度、抹芽（抹梢）、除萌、疏枝（疏剪）、摘心、扭梢、拿枝、刻伤、环剥等方法。具体修剪方法应该视实际情况灵活运用。

① 冬季修剪。

A. 短截。短截是指剪去荣昌无刺花椒1年生枝条的枝梢部分而保留下基部的修剪方法，也叫短剪。短截对枝条局部起到刺激作用而使剪口下侧芽萌发，促进分枝，有利于更新枝梢，调节花量，平衡树势。一般来说，截去的枝越长，则发生的新枝也越强壮。剪口芽越壮，发出的新枝也越强壮。短截依据剪留枝条的长短，常分

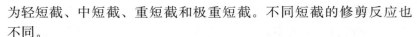

为轻短截、中短截、重短截和极重短截。不同短截的修剪反应也不同。

轻短截：剪去荣昌无刺花椒枝条的少部分，截后容易形成较多的中、短枝，单枝生长较弱，但总生长量大，母枝加粗生长快，可缓和枝势。

中短截：在荣昌无刺花椒枝条春梢中上部饱满芽处短截。截后容易形成较多的中、长枝，成枝力高，单枝生长势较强。

重短截：在荣昌无刺花椒枝条中、下部短截，截后在剪口容易抽生1～2个旺枝，生长势较强，成枝力较低，总生长量较少。

极重短截：截到荣昌无刺花椒枝条基部弱芽上，能萌发1～3个中、短枝，成枝力低，生长势弱。

短截的局部刺激作用受剪口芽的质量、荣昌无刺花椒树的发枝力、枝条所处的角度（直立、平斜、下垂）等因素影响。在秋梢基部或"轮痕"处短截，以弱芽当头的，虽处于顶端，一般也不会生弱枝。直立枝处于生长优势地位，短截容易抽生强旺枝；平斜、下垂枝的反应则较弱。对骨干枝连续多年中短截，由于形成发育枝多，促进母枝输导组织发育，能培养成比较坚固的骨架。

短截在一般情况下，不利于荣昌无刺花椒的花芽形成，但对荣昌无刺花椒树的弱枝进行适度短截，由于营养条件的改善，有利于花芽形成。在某些情况下，对成串的腋花芽枝进行短截还可提高坐果率。

B. 疏剪。疏剪是指将荣昌无刺花椒的1～2年生枝条或一个枝序从基部剪除的修剪方法，又叫疏枝。疏剪造成的伤口，对营养物质运输起到阻碍作用，而伤口以下枝条得到根部的供应相对增强，可以协调各枝间的生长势，增强树冠的通风透光，促进枝梢生长旺盛。

荣昌无刺花椒疏剪时由于疏除树冠中的枯死枝、病虫枝、交叉枝、重叠枝、竞争枝、徒长枝、过密枝等无保留价值的枝条，可以节省营养，改善通风透光条件，平衡骨干枝的长势，还可控前促后，复壮内膛枝组，延长后部枝组的寿命，增强光合作用，有利花芽形成。所以，在生产实践中，常采用疏弱留强的集中修剪方法，使养分相对集中，增强树势，强壮枝组，提高枝条的发育质量，获得增产的效果。

疏剪对母枝有削弱作用，能减少树体总生长量。因此，可用疏去旺枝的方法，削弱辅养枝，以促其形成花芽，对强枝进行疏剪，减少枝量，调节枝条间的平衡关系。大年疏剪果枝，调节生长和结果关系，有利于防止大小年。

温馨提示

疏除大枝时，要分年逐步疏除，千万不要一次疏除过多，造成大量伤口，特别是不要形成"对口伤"，以免过分削弱树势及枝条生长势。疏枝时要从基部疏除，这样容易愈合，如截留过长，则形成残桩不容易愈合，并可能引起腐烂，或引起潜伏芽发出大量徒长枝。

C. 缩剪。缩剪一般是指多年生枝短截到分枝处或将1年生枝的中上部剪除的修剪方法，也叫回缩。缩剪有利于更新衰老枝序，改善树冠上下层间及内部光照条件，促进内膛枝抽生。缩剪的作用，常因缩剪的部位、剪口的大小以及枝条的生长情况不同而不同。一般来说，缩剪可以降低先端优势的位置，改变延长枝的方向，改善通风透光条件，控制树冠的扩大。缩剪能缩短枝条长度，减少枝芽量及母枝总生长量。剪口枝比较粗壮时，缩剪的剪口小，剪去的部分少，则使剪口枝生长加强；剪口大，剪去的部分多，则使剪口枝生长衰弱，而使剪口下第二枝、第三枝生长增强。因此，对骨干枝在多年生部位缩剪时，要注意留辅养桩，以免削弱剪口枝，使下部枝转强。

D. 甩放。甩放是指对1年生枝"长放"不剪的修剪方法，也叫缓放、长放。不论是长枝还是中枝，与短截相比，甩放都有缓和新梢生长势和减低成枝力的作用。长枝甩放后，枝条的增粗现象特别明显，而且发生的中、短枝数量多。幼树上斜生、水平、下垂的枝甩放后，成枝很差，而萌芽较多；骨干枝背上的强壮直立枝甩放后，容易出现"树上长树"现象，容易给树形带来干扰，反而妨碍花芽形成。所以，此类枝一般不甩放。甩放的效果，有时需要连续数年才能表现出来。因此，对长势旺、不易成花的荣昌无刺花椒树应连续甩放，待形成花芽或开花结果后，再及时回缩，培养成结果枝组。生长较弱的树，如果连续甩放的枝条过多，则应该及时短截和缩剪，否则更容易衰老，致使坐果率低或果实体积减小。

②夏季修剪。

A. 开张角度。开张角度是指将一年生直立生长的枝条或开张角度小的枝条，采用蹬、捋（拿）、撑、瓣、拉、别、盘、压、支、坠、圈、曲、折、锯等人工方法加大枝与枝之间的角度和距离的一种修剪方法，使荣昌无刺花椒树无中心枝，改善光照条件，增强光合作用，以便迅速扩大树冠，延伸结果部位，增加结果面积从而增加产量，促进枝条成熟老化。一般主侧枝延长头新梢，应开张至45°左右，其余部位的新梢，开张至60°～70°。

将直立或开张角度小的枝条开张角度后使其改变为水平或下垂方向生长，也改变了枝条的顶端优势。在一定程度上限制了水分、养分的流动，缓和了枝条的生长势，使顶端生长量减小。

B. 抹芽（抹梢）。抹芽（抹梢）是指将荣昌无刺花椒多余的嫩芽（嫩梢）从基部抹除的修剪方法。抹芽（抹梢）能调节营养平衡，促进结果枝生长。如主干基部30～40厘米以内的萌芽，空间小时将其全部抹除，空间大时可以留些结果枝后再抹除；枝干剪口上的旺芽全部抹除，弱芽如果有空间可以留一个而形成弱枝，增大幼龄期结果面积，没有空间的全部抹除；枝干剪口下的竞争芽，一般抹除延长头下的竞争芽或并列旺芽，以下第二芽、第三芽根据实际情况确定是否保留以确保延长头芽的健康生长；背上芽抹除；辅养枝及侧枝延长头侧生新梢头芽保留，抹除头芽两侧的芽，让头芽独行旺长，如果头芽生长已经达到生长要求而想控制其旺长，就保留头芽两侧的芽；抹除老龄树上枝条基角的弱花芽、背下的小花芽、拥挤的小花芽、生长不健壮的无叶片的小花芽等。

C. 除萌。除萌是指将荣昌无刺花椒主干基部萌发的萌蘖条用小刀从基部削除的修剪方法。荣昌无刺花椒进入结果期后，经常在5～7月从根颈和主干上萌发很多萌蘖枝。随着树龄的增加，萌蘖枝越来越多，有时一株树上达几十条。这些枝消耗大量养分，影响通风透光，扰乱树形，应及时抹除，以免与结果枝组争夺养分，影响花椒正常生长和开花结果。

D. 疏枝。同冬季疏剪。

E. 摘心。摘心是指新梢及结果枝停止生长时将其顶端一小段梢头摘除的修剪方法。摘心的方法与短截相似，但修剪时间和修剪部位有所不同。摘心可控制枝梢延长生长，使枝梢生长充实，提高坐果率。荣昌无刺花椒新梢旺长时期摘心，可促生二次枝，有利于加快树冠的建成；新梢缓慢生长期摘心，可促进花芽分化；生理落果前摘心，可提高坐果率；坐果以后摘心能促使果实膨大，提早成熟，并可提高果实的品质；对徒长枝多次摘心，可使枝芽充实健壮。摘心可分为轻摘心和重摘心。轻摘心，即在6月下旬春梢生长末期，摘去枝条顶端嫩梢5厘米左右，轻摘心主要用于结果旺树，目的是抑制旺盛的营养生长，促进花芽形成。重摘心，即在8月上旬秋梢生长初期，摘去枝条顶端嫩梢10厘米左右。一般情况，幼树轻摘，成龄树重摘；结果少的树轻摘，结果多的树重摘；延长头轻摘，侧生枝重摘，背上旺枝轻摘＋转枝。

F. 扭梢。扭梢是指荣昌无刺花椒枝条中部半木质化时在距树干15厘米左右处将背上直立枝条扭转一圈，使枝条梢头朝下生长的一种修剪方法。扭梢可以控制直立枝条旺长，促进花芽分化，第二年可以开花结果。

G. 拿枝。拿枝是指用双手握住枝条自基部向中部逐步弯曲移动，伤及木质部，响而不折，使枝梢生长改变方向，开张枝条角度，缓和枝条的生长势，促进其花芽形成。拿枝较撑、拉等方法，简单易行，效果也好，且不伤皮。拿枝主要适用于较细的枝条；如果枝条粗，拿不到应处理的角度，可与垂泥球坠枝的方法结合进行。

H. 刻伤。刻伤是指春季发芽前在荣昌无刺花椒的枝或芽的上方或下方，用刀横割皮层深达木质部而成半月形的技术措施。在枝芽上部刻伤，能阻碍下部的水分养分向上运输，有利于芽的萌发并形成较好的枝条。反之，在枝芽下部刻伤，就会抑制枝芽的生长，促进花芽形成，加快枝条成熟。一般幼树整形修剪中，需要在骨干枝上生枝的部位进行刻伤，可以刺激刻伤下部隐芽萌发，以填补空间。

I. 环剥。环剥是指生长季节在荣昌无刺花椒树枝干上，按一定宽度剥下一圈皮层的技术措施，也叫环状剥皮。环剥的宽窄决定环剥作用的大小。环剥越宽，愈合越慢，作用就越大。但过宽不容易愈合，甚至可能造成死亡。一般较小的平斜枝条环剥宽度约为枝条直径的1/10左右，直立旺枝可适当加宽，但一般不超过7毫米，细弱枝一般不宜环剥。由于荣昌无刺花椒的花芽形成较一般果树容易，可以在5月采用半环剥，剥口的宽度一般为枝条或主干直径的1/6，对促进花芽形成效果很好。在新梢旺盛生长期进行环剥，可显著促进花芽分化，具有明显的增产效果。对树势较旺、立地条件好的荣昌无刺花椒树可适当加宽剥口宽度，对树势较弱、立地条件差的荣昌无刺花椒树可适当减窄剥口宽度。环剥的伤口要进行消毒处理，以防感染。

温 馨 提 示

　　环剥主要是对营养生长旺盛新梢进行的，但不能连续进行，第一次环剥后，需要隔2～3年在该株花椒树仍然营养生长旺盛时再剥一次，次数不宜过多，以免降低树势，减少寿命。

综上可知，不同的修剪方法，有其不同的作用和效果。在荣昌无刺花椒修剪实践中，需要综合利用这些方法。因为它们的作用不是孤立的，而是相互影响的。修剪时应根据荣昌无刺花椒的特性、树龄、树势及枝条等不同因素，综合加以考虑。在加强土、肥、水管理的基础上，正确运用截、疏、缩、放、开、抹、除、摘、扭、拿、刻、剥等多种方法，调节荣昌无刺花椒的生长和结果，只有这样才能获得良好的修剪效果。

（3）修剪程度　荣昌无刺花椒的修剪程度可分为重剪和轻剪两类。对于生长势来说，一般重剪有助势作用，相反，轻剪则有缓势作用；而对于总生长量来说，则效果相反。修剪轻重程度通常均以剪去枝条的程度或重量来表示，剪去部分长或剪去量多的叫重修剪，剪去部分短或剪去量少的叫轻修剪。修剪程度的确定应综合考虑以下因素：

① 生长情况。荣昌无刺花椒因生长不同，其整形修剪也会不同。

一般来说，幼树期间生长旺盛，如修剪量过大，则造成地上旺长、抑制根系生长发育及全树的生长，且不易形成花芽，故幼树在达到整形修剪要求的前提下，应该以轻剪为主。老树则应适当加重，以促进营养生长，恢复树势。

在整形过程中，如果同层主枝间强弱不均，对强枝应开张角度，并多疏少截，适当轻剪，以抑制生长。而对弱枝则少疏多截，适当重剪，增强生长势，可相对增加营养枝的数量。

② 环境条件和栽培管理水平。在自然条件适合荣昌无刺花椒生长和栽培管理良好时，生长量大，修剪宜轻。相反，修剪宜重，以维持较好的生长势。

③ 不同生长阶段采取不同的修剪方式。修剪方法应根据荣昌无刺花椒的生长阶段来确定，如幼龄树的枝条节间短，树冠小，大小年现象不明显，修剪应适中。

3. 修剪技术

（1）荣昌无刺花椒幼树的整形修剪　幼树整形修剪的目的是依据荣昌无刺花椒的生长特性和立地条件，通过人工诱导使荣昌无刺花椒幼树形成良好合理的树形结构。

① 幼树第一年定干修剪（一年定干）。荣昌无刺花椒定植后第一年进行定干，通常5月中旬至6月上旬在树干高度距地面50～60厘米处剪截，定干后剪口下10～15厘米范围内有4～5个饱满芽，待芽萌发后选留3～5个分布均匀的枝条作为主枝。

② 幼树第二年整形修剪（二年定枝）。荣昌无刺花椒定干后在主枝长到30～40厘米时摘心，控制枝梢生长，在每个主枝上选定3～4个侧枝（二级主枝），待侧枝长到50厘米时轻度拉枝或在10月下旬压枝，12月摘心，控制枝梢生长，培养结果枝和结果枝组。

③ 幼树第三年整形修剪（三年定形）。荣昌无刺花椒定植后第三年6月中旬对二级主枝上的延长枝进行强枝短截（剪留基部长度15～20厘米），弱枝全部剪除，使主枝间均衡生长，对二级主枝上的新梢保留3～6个枝作为结果枝组。

④ 常见的荣昌无刺花椒幼树树形。主要有自然开心形、多主枝丛状形、疏层小冠纺锤形等，生产实践中一般多采用多主枝丛状形或自然开心形的树形进行整形修剪，这两种树形成形快，整形修剪技术容易掌握，抗风抗虫，产量高。

A. 自然开心形。

【树形标准】有明显主干，干高30～50厘米，在主干上均匀着生3个主枝，3个主枝相邻间的夹角120°左右，主枝基部与主干间的夹角60°左右。每个主枝上着生2～3个侧枝，第一侧枝距主干40～50厘米，第二侧枝距第一侧枝30～40厘米，第三侧枝距第二侧枝50～60厘米。同一级侧枝在各主枝的同一方向，相邻侧枝方向相反。主枝及侧枝上着生结果枝组。

【整形方法】一是定干。定干高度依据立地条件、栽培方法、栽植密度等不同而不同。立地条件差，栽植密度大，树干宜矮，反之，则宜高。通常定干高度50～60厘米，1年生荣昌无刺花椒嫁接苗在栽植后发芽前定干。定干时要求剪口下10～20厘米范围内有5～6个饱满芽，此部位也叫"整形带"，定干可以促进30～40厘米整形带内的好芽萌发出3个以上新梢。苗木发芽后，及时抹除整形带以下的萌芽，促进整形带内新梢生长。如果栽植2年生苗，在整形带上已有分枝，可适当短截，保留一定长度，合适时选作主枝。二是定植后第一年修剪。在定干后的6月上中旬新梢长到40厘米以上时，从整形带内当年萌发的新梢中选择3个分布均匀、生长强壮的枝条作为主枝，并摘心，促发二次枝，培养一级侧枝，同级侧枝选在同一方向（主枝的同一侧）。其他枝条则采用拉、垂、拿等方法，控制生长，使其水平或下垂生长，作为辅养枝。当年初冬或翌年春季休眠期修剪时，主枝、侧枝均应在饱满芽处下剪，并注意剪口芽的选留，主枝方位、角度如果均很理想，剪口芽均应该选留外芽，剪口下第二个芽在内侧的应该剥除。各主枝基部应该与树干保持60°左右的夹角。如果主枝角度偏小，可用拉、垂、撑等方法开张角度；如果主枝方位不够理想时，还可用左芽右蹬或右芽左蹬法进行调整。如果主枝确实分布不均匀则可采用分布均匀的辅养枝替代主枝；其他枝条长甩长放，采用拉、垂、撑等方法开张角度。3个主枝以外的重叠、交叉、影响主枝生长的枝条一律从基部疏除。三是定植后第二年修剪。当选留的主枝上的一级侧枝长到30～40厘米时摘心，培养二级侧枝，其方向同一级侧枝相反，8月中下旬再对生长超过50厘米的枝进行摘心或在主、侧枝饱满芽上方剪截，促发小枝。其他枝条长甩长放，5～6月采用拉、垂的方法使其下垂，或多次轻摘心，促其花芽形成，以提高幼树早期产量。初冬或翌年春季休眠期修剪基本同第一年。四是定植后第三年修剪。当选留的主枝上的二级侧枝长到40～50厘米时摘心，培养三级侧枝，其方向与二级侧枝相反，与一级侧枝相同，三级侧枝长到50厘米以上时剪截1/3，就可以形成大量花芽。侧枝上视其空间大小培养中小型枝组。初冬或翌年春季休眠期疏除少量过密枝，短截旺枝。五是定植后第四年修剪。对主枝顶端生长点及长旺枝，在5月后均进行多次摘心，夯实内膛枝组，初冬或翌年春季休眠期修剪时，对过密枝及多年长放且影响主枝、侧枝生长发育的无效枝进行疏除或适当回缩。

自然开心形一般4年即可完成整形。

【主要优点】自然开心形树形成形快，结果早，3～4年幼树成形结果，通风透光良好，抗病虫害，产量高，生产上应用广泛。

B.　多主枝丛状形。

【树形标准】无明显主干，直接从荣昌无刺花椒树基部着生4～5个方向不同、长势均匀的主枝，主枝基部与垂直方向的夹角为

30°～50°，中部为 40°～60°，梢部为 60°～80°。每个主枝上着生1～2 个一级侧枝，与垂直方向夹角为 60°～80°，第一侧枝距树基 50～60 厘米，第二侧枝距第一侧枝 60～70 厘米。同一级侧枝在各主枝的同一方向，一二级侧枝方向相反。结果枝均匀着生在主、侧枝上，与垂直方向夹角为 70°～90°。整个树形呈丛状。

【整形方法】一是定植后第一年修剪。栽后随即截干，截干高度约 20 厘米。在剪口下萌发数芽，长出多个枝条，选择 4～5 个着生位置理想且布局均匀、生长健壮的枝条作为主枝，其他枝条不疏除，采用撑、拉、垂等方法，使其水平或下垂生长，以缓和树势、扩大叶面积，增加树体有机质的制造，使树冠尽快形成和增加结果部位。夏季，所留主枝长至 40～50 厘米时进行摘心。摘心时注意留外边的芽，以利开张角度，促其萌发二次枝，培养一级侧枝，主枝角度过小的要用拉枝或压泥球的方法开张角度。注意将一级侧枝留在同一方向，以免相互交叉，影响光照。秋季在主、侧枝的饱满芽处下剪。初冬或翌年休眠期修剪基本同自然开心形第一年初冬、翌年春季修剪方法。二是定植后第二年修剪。当选留主枝上的一级侧枝长到 30～40 厘米时摘心，培养二级侧枝，其方向同一级侧枝相反，也可在一部分主枝的中上部侧枝上形成少量的花芽。秋季在主、侧枝饱满芽处下剪。其他枝条的处理、夏季整形修剪及初冬或翌年春季休眠期修剪参照自然开心形的第二年修剪方法。三是定植后第三年修剪。对主枝顶端生长点及长旺枝，在 5 月后进行多次轻摘心，夯实内膛枝组，促使发育枝尽早挂果并开始结果；秋季再短截各主、侧枝。初冬或翌年春季休眠期修剪时，对过密枝及多年长放且影响主枝、侧枝生长发育的无效枝进行疏除或适当回缩，最终形成多主枝丛状形的标准树形。

【主要优点】多主枝丛状形树形修剪轻、成形快、树冠大，结果期和盛果期均早；主枝生长健壮、抗风；单株产量和单位面积产量均高。

| C. | 疏层小冠纺锤形。 |

【树形标准】有中心主干，干高 50 厘米以上分层次留主枝多

个，每个主枝上有 2～3 个侧枝，树高控制在 2.5 米以内，冠幅 3～4 米。

【整形方法】第一年，萌芽后，将着生于苗木顶端的壮芽保留，促其旺盛生长，培养为中心主干，以后每年修剪时中心主干一般不控制，待高度达 2.5 米左右时摘心，不再保留主干。在中心主干 1 米范围内选择 3～4 个向四周伸展、长势均匀的新梢作为第一层主枝培养，各主枝伸展的方位角为 120°或 90°，间距 5～10 厘米，与中心干的夹角为 50°～60°，其余枝条拉成 60°～80°斜生，控制其长势，作为辅养枝。离地面 50 厘米范围内的分枝全部清除。第二年，萌芽前，选定的第一层各主枝留 40～50 厘米剪截，但辅养枝不剪截。萌芽后，在第一层主枝以上每隔 20～30 厘米范围内萌发的新梢中选 3 个长势均匀、方位角为 120°的枝条作为第二层主枝培养，当第二层主枝长度达 40 厘米时摘心，并拉成与主干呈 45°夹角斜生，其余枝条拉成与主干呈 70°左右夹角斜生，作为辅养枝。当第一层各主枝剪口芽萌发的新梢长度达 40 厘米左右时摘心，促生分枝，培养为侧枝。以后逐年以此类推，使各主枝延伸，上层主枝长度为下层主枝长度的 1/2～2/3，分枝角度略小于下层主枝，其上配置的枝组以小型为主，且比下层稀疏，最终形成具有分层结构，上层小下层大，上层稀疏下层稠密的疏层小冠纺锤形树形。

【主要优点】疏层小冠纺锤形树形树干较高，有中心主干，主枝较多，分层着生，通风透光，树势健壮，产量高，寿命长，适合水肥条件好、光照充足的地方及庭院采用。

（2）荣昌无刺花椒结果初期的修剪

① 结果初期修剪的主要任务。荣昌无刺花椒结果初期主要是培养、调整骨干枝，完成整形。荣昌无刺花椒从第二年或第三年开始结果，一般从开始结果到第五年大量结果前的这一时期称为结果初期。结果初期根系不断扩展，结果量虽然逐年增加，但营养生长仍占主导地位，树体仍然旺盛生长，树冠迅速扩大，基本形成树体骨架。因此，结果初期修剪的主要任务：在保证适量结果的同时，

继续培养好骨干枝，调整骨干枝长势，扩大树冠，维持树势平衡和各部分之间的从属关系，完成整形，有计划地培养结果枝组，处理和利用好辅养枝，调整好生长和结果的矛盾，促进结果，合理利用空间，为盛果期稳产高产打下基础。

② 结果初期骨干枝的修剪。根据自然开心形的树体结构，结果期虽然主枝、侧枝的枝头一般不再延长，但仍需要继续加强培养，使其形成良好的树体骨架。各骨干枝的延长枝应根据树势确定剪留长度，随着结果数量的增加，延长枝剪留长度应比前期短，一般剪留30～40厘米，延长枝粗壮且树势旺的可适当留长一点，延长枝细弱的可适当留短一点。不管延长枝剪留长短都要维持延长枝头45°左右的开张角度。此外，对于长势强的主枝，可适当疏除部分强枝，多缓放，轻短截；对于长势弱的主枝，可采用疏枝的方法，多短截。

对背上枝如放任生长而不加控制，过不了几年该枝就会超过原主枝，背上枝的后部侧枝枯死，造成结果部位外移，因此应该及早控制背上枝生长，削弱生长势，以利结果。对于生长较弱的背上枝应该短截，复壮更新。总的原则是尽量利用背上枝、下垂枝，注意观察而采取灵活措施，以扩大树冠为目的，以多结果为准则。

在幼树整形期间，对于徒长枝要控制其生长。控制的办法有重短截、摘心等。在结果初期，可把徒长枝适当培养成结果枝组，补充空间，增大结果面积；当徒长枝改成结果枝组后，如果顶端变弱，后部光秃，又没有生长空间的时候，应该及时重短截。对于生长旺盛的直立徒长枝，最好在夏季摘心，如果夏季没有摘心，一定要于冬季在春秋梢分界处短截，促生分枝，削弱生长势。

③ 结果初期辅养枝的利用和调整。主枝上没有被选为侧枝的大枝，可按辅养枝培养、利用和控制。在结果初期，辅养枝既可以增加枝叶量，积累养分，圆满树冠，又可以增加产量，因此，只有在辅养枝影响骨干枝生长的时候才必须让辅养枝为骨干枝让路。影响轻的时候，采用去强留弱、适当疏枝、轻度回缩的方法，将辅养枝控制在一定范围内；严重影响骨干枝生长时，则应从基部疏除辅

养枝。

④ 结果初期结果枝组的培养。结果枝组是骨干枝和辅养枝上的枝群，经过多年的分枝，转化为年年结果的多年生枝。结果枝组可分为大、中、小三种类型。一般小型枝组具有 2～10 个分枝，中型枝组具有 10～30 个分枝，大型枝组具有 30 个以上分枝。荣昌无刺花椒由于连续结果能力强，容易形成鸡爪状结果枝群，因此必须注意配置较多数量的大、中型结果枝组。因为各类枝组的生长结果和所占空间不同，所以枝组的配置要做到大、中、小相同，交错排列。

常用的 1 年生枝培养结果枝组的修剪方法，有以下几种：

A. 先截后放法。选择中庸枝，第一年进行中度短截而促使分生枝条；第二年全部缓放或疏除直立枝，保留斜生枝并缓放，逐步培养成中、小型枝组。

B. 先截后缩法。选择较粗壮的枝条，第一年进行较重短截而促使分生较强壮的分枝；第二年再在适当部位回缩，培养中、小型结果枝组。

C. 先放后缩法。选择中庸枝中较弱的枝，缓放后很容易形成具有顶花芽的小分枝；第二年结果后在适当部位回缩，培养成中、小型结果枝组。

D. 连截再缩法。多用于大型枝组的培养，第一年进行较重短截，第二年选用不同强弱的枝为延长枝，并加以短截，使其继续延伸，以后再回缩。

(3) 荣昌无刺花椒结果盛期的修剪

① 结果盛期修剪的主要任务。荣昌无刺花椒结果盛期的修剪主要是调节生长和结果之间的关系。荣昌无刺花椒一般定植 5～6 年后，开始进入盛果前期，这个时候整形任务已完成，并且培养了一定数量的结果枝组，树势逐渐稳定，产量年年上升。到 10 年左右，荣昌无刺花椒进入产量最高的盛果期，由于产量的迅速增加，树姿开张，延长枝生长势逐渐衰弱，树冠扩大速度缓慢并逐渐停止，树体生长和结果的矛盾突出，如果不能较好地调节生长和结果

的关系，生长势必然会减退，产量下降，提前衰老。一般立地条件较好、管理水平较高的花椒园，盛果期可维持 20 年左右。管理差、长势弱的花椒园，只能维持 10～15 年。因此，盛果期修剪的主要任务：维持健壮而稳定的树势，继续培养和调节各类结果枝组，维持结果枝组的长势和连续结果能力，实现树壮、高产、稳产的目的。

② 结果盛期的骨干枝修剪。在结果初期，如果主侧枝还未占满株行距间的空间，对延长枝采取中短截，仍以壮枝带头，盛果期后，外围枝大部分已成为结果枝，长势明显变弱，可用长果枝带头，使树冠保持在一定范围内。同时要适当疏间外围枝，达到疏外养内，疏前促后的效果，以增强内膛枝条的长势。盛果后期，骨干枝的枝头变弱，先端下垂，这时应及时回缩，用斜上生长的强壮枝带头，以抬高枝头角度，复壮枝头。注意保持各主枝之间的均衡及各级骨干枝之间的从属关系，采取抑强扶弱的修剪方法，维持良好的树体结构。对辅养枝的处理，在枝条密集的情况下，疏除多余的临时性辅养枝，有空间的可回缩改造成大型结果枝组。永久性辅养枝适度回缩和适当疏枝，使其在一定范围内长期结果。

③ 结果盛期的结果枝组修剪。花椒树盛果期产量的高低和延续年限的长短，很大程度上取决于结果枝组的配置和长势。花椒进入盛果期后，一方面在有空间的地方，继续培养一定数量的结果枝；另一方面，要不断调整结果枝组，及时复壮延伸过长、长势衰弱的结果枝组，维持其生长结果能力。

结果枝组的数量和产量有一定的相关性。枝组过少、树冠不丰满，结果枝组数量少，产量低；枝组过多，通风透光条件差，容易引起早衰，每一果穗平均结果粒数少，产量也会降低。荣昌无刺花椒结果盛期合理的枝组密度是大、中、小结果枝组的比例大体为 1：3：10。小型枝组容易衰退，需及时疏除细弱的分枝，保留强壮分枝，适当短截部分结果后的枝条，复壮树体生长结果能力。中型枝组要选用较强的枝带头，稳定生长势，并适时回缩，防止枝组后部衰弱。大型枝组一般不易衰退，重点是调整生长方向，控制生长势，把直立枝组引向两侧，对侧生枝组不断抬高枝头角度，采用适度回缩的方法，不使其延伸过长，以免枝组后部衰弱。

各类结果枝组进入盛果期后，对已结果多年的枝组要及时进行复壮修剪。复壮修剪一般采用回缩和疏枝相结合的方法，回缩延伸过长、过高和生长衰弱的枝组，在枝组内疏剪过密的细弱枝，提高中、长果枝的比例。

内膛结果枝组的培养与控制很重要。如果不及时处理或处理不当，由于枝条生长具有顶端优势的特性，内膛枝容易衰退，特别是中、小型枝组常常会干枯死亡，造成骨干枝后部光秃，结果部位外移，产量锐减；而直立的大、中型枝组，往往延伸过高，形成树上长树，扰乱树形，产量也会下降。所以，在修剪中更要注意骨干枝后部中、小枝组的复壮更新和直立生长的大枝组的控制。

④ 结果盛期的结果枝修剪。适宜的总枝量，适宜的营养枝和结果枝的比例是荣昌无刺花椒树体生长结果的基础。一般荣昌无刺花椒盛果期树结果枝应该占总枝量的90%以上。粗壮的长、中果枝每果穗结果粒数明显多于短果枝，且产量与每果穗结果数量关系很大。因此，保持一定数量的长、中果枝是高产稳产的关键。根据对荣昌无刺花椒结果盛期丰产树的调查，在结果枝中，长果枝占10%～15%，中果枝占30%～35%，短果枝占50%～60%，一般丰产树按树冠投影面积计算，每平方米有果枝200～250个。因为荣昌无刺花椒一般以顶花芽结果，所以结果枝的修剪方法应以疏剪为主，疏剪与回缩结合，疏弱留强，疏短留长，疏小留大。

⑤ 结果盛期的除萌和徒长枝利用。荣昌无刺花椒进入结果期后，常常会从根颈和主干上萌发很多萌蘖枝。随着树龄的增加，萌蘖枝也越来越多，有时一株树上多达几十条。这些枝消耗大量养分，影响通风透光，扰乱树形，应及时抹除。萌蘖枝多发生在5～7月，除萌应作为此期的重要管理措施。

盛果期后，特别是盛果末期，由于骨干枝先端长势弱，对骨干枝回缩过重，局部失去平衡时，内膛经常会萌发很多徒长枝，这些枝长势很强，不仅消耗大量养分，也常常造成树冠内紊乱，要及早处理。凡不缺枝部位生长的徒长枝，应及时抹芽或及早疏除，以减少养分消耗，改善光照。骨干枝后部或内膛缺枝部位的徒长枝，可改造成为内膛枝组，其方法是选择生长中庸的侧生枝，于夏季长至30~40厘米时摘心，冬剪时去强留弱，引向两侧。

（4）荣昌无刺花椒放任树的改造与修剪

① 放任树的修剪任务。放任树一般管理十分粗放，种植户也不进行修剪而任其自然生长，产多少收多少。放任树的表现：骨干枝过多、枝条紊乱、先端衰弱、落花落果严重，每果穗结果粒很少，产量低而不稳。放任树改造修剪的任务：改善树体结构，复壮枝头，增强主侧枝的长势，培养内膛结果枝组，增加结果部位。

② 放任树的修剪方法。放任树的修剪方法多种多样，主要有树形改造、骨干枝和外围枝调整、结果枝组复壮等。

A. 树形改造。放任树的树形是多种多样的，应本着因树修剪，随枝做形的原则，根据不同情况区别对待。一般多改造成自然开心形，有的也可改造成自然半圆形，无主干的改造成自然丛状形。

B. 骨干枝和外围枝调整。放任树一般大枝（主侧枝）过多。首先要疏除扰乱树形严重的过密枝，重点疏除中、后部光秃严重的重叠枝、多叉枝。对骨干枝的疏除量大时，一般应有计划地在2~3年内完成，有的可先回缩，待以后分年处理。要避免一次疏除过多，使树体失去平衡，影响树势和当年产量。

树冠的外围枝，由于多年延伸和分枝，大多数为细弱枝，有的成下垂枝。对于影响光照的过密枝，应该适当疏剪，去弱留强；已经下垂的要适当回缩，抬高角度，复壮枝头，使枝头既能结果，又能抽生比较强的枝条。

C. 结果枝组复壮。对原有枝组，采取缩放结合的方法，在较旺的分枝处回缩，抬高角度，增强生长势，提高整个树冠的有效结果面积。

疏除过密大枝和调整外围枝后，骨干枝萌发的徒长枝增多，无用的枝条要在夏季及时除萌以免消耗养分。同时要充分利用徒长枝，有计划地培养内膛结果枝组，增加结果部位。内膛枝组的培养，应以大、中型结果枝组为主，衰老树可培养一定数量的背上枝组。

D. 分年改造。大树改造的修剪，要因树制宜。根据荣昌无刺花椒生产实践经验，大致可分为 3 年完成。第一年以疏除过多的大枝为主，同时要对主侧枝的领导枝进行适度回缩，以复壮主侧枝的长势。第二年主要是对结果枝组复壮，使树冠逐渐圆满。对枝组的修剪，以缩剪为主，疏剪结合，使全树长势转旺。同时要有选择地利用主侧枝中、后部的徒长枝培养成结果枝组。第三年主要是继续培养好内膛结果枝组，增加结果部位，更新衰老枝组。

E. 劣质树改造。在荣昌无刺花椒栽培区内，除荣昌无刺花椒良种外，还有一些产量低、品质差、成熟期晚、影响种植户收益的其他劣质花椒品种树，可采用如下办法进行改造：首先在距地面10～15 厘米处剪（锯）断，再用嫁接刀将剪口处的皮层对口切开 2个 1～2 厘米的小口子，然后剪好 2 根约 10 厘米长、具有饱满芽的优质荣昌无刺花椒良种接穗，并将下端削成马耳形，从砧木开口处插入，再用塑料条扎紧，然后用湿土封埋，过 20 多天后，穗条新芽即破土而出。

F. 采收后的树体管理。采收花椒后对荣昌无刺花椒树的管理好坏，直接影响树体的营养、花芽分化和来年的开花结果，特别是长势弱的低产树，在果实采收后，加强树体管理更为重要，这是改造低产树的重要环节，主要抓好以下几点。

a. 保护叶片。荣昌无刺花椒采收后，其叶片制造的养分转向为营养积累。因此，必须使荣昌无刺花椒在带枝采收萌发新梢后到落叶前一直保持叶片浓绿和完整。所以，这段时期除做好病虫防治外，还可进行叶面喷肥。

b. 秋施基肥。秋施基肥能显著提高叶片的光合作用，对恢复当年树势和来年的生长结果等，都起着举足轻重的作用。施肥种类以农家肥为主，并适量添加化肥掺匀施入。一般结果盛期树，从 9月开始至落叶前每株施 50 千克农家肥加 0.5 千克复合肥，采用开沟施肥法，但以早施效果为好。

c. 控制旺枝生长，确保树体安全过冬。幼树或遭受冻害的荣昌无刺花椒树，一般当年结果少，树势较旺，枝条木质化程度较差，越冬较困难。对这类树采收花椒后至 9 月底，应向树体喷布 2 次 15％多效唑可湿性粉剂 500～700 倍液，喷布的间隔期为 10～15 天。

d. 防治病虫害。荣昌无刺花椒采收后，要及时剪除枯枝和死树，清除花椒园落叶和杂草，集中烧毁，减少越冬病源和虫口密度。对曾经受花椒锈病、落叶病和花椒跳甲、潜叶蛾等病虫危害严重的花椒园，果实采收后应尽快喷布 15％三唑酮可湿性粉剂 1 000 倍液加 40％水胺硫磷乳油 1 000 倍液，或 50％甲基托布津可湿性粉剂 300～500 倍液加 2.5％敌杀死乳油 1 500 倍液。

(5) 荣昌无刺花椒衰老期的修剪　荣昌无刺花椒进入衰老期，表现树势衰弱，骨干枝先端下垂，大枝枯死，外围枝生长很短，都变为中短果枝，花椒结果部位外移，产量开始下降。但衰老期是一个很长的时期，如果在树体刚衰退时，能及时对枝头和枝组进行更新修剪则可以延缓衰退程度，仍然可以获得较高的产量。

① 衰老期修剪的主要任务。主要任务是及时而适度地进行结果枝组和骨干枝的更新复壮，培养新的枝组，延长树体寿命和结果年限。为了完成上述任务，首先应分期分批更新衰老的主侧枝，但不能一次短截得过重，造成树势更弱。应该分期分段进行短截，待后部位复壮后，再短截其他部位。其次，要充分利用内膛徒长枝、强壮枝来代替主枝，并重截弱枝留强枝，短截下部枝条留上部枝条。对外围枝应该先短截生长细弱的枝条，采用短截和不剪相结合的方法进行交替更新，使老树焕发结果能力。

② 衰老期更新修剪的方法。依据树体衰老程度而定，树体刚进入衰老期时，可进行小更新，以后逐渐加重更新修剪的程度。当树体已经衰老，并有部分骨干枝开始干枯时，即需进行大更新。小更新的方法是对主侧枝前部已经衰老的部分，进行较重的回缩。一般宜回缩 4～5 年生的部位。选择长势强、向上的枝组，作为主侧枝的领导枝，把原枝头去掉，以复壮主侧枝的长势。在更新骨干枝

头的同时，必须对外围枝和枝组也进行较重的复壮修剪，用壮枝壮芽带头，以使全树复壮。大更新一般是在主侧枝 1/3～1/2 处进行重回缩。回缩时应注意留下的带头枝具有较强的长势和较多的分枝，以利于更新。当树体已经严重衰老，树冠残缺不全，主侧枝将要死亡时，可及早培养根颈部强壮的萌蘖枝，重新构成树冠。一般选择不同方向生长的强萌蘖枝 3～4 个，注意开张角度，按培养主侧枝的要求进行修剪，待 2～3 年后，将原树头从枝干基部锯除，使萌蘖枝重新构成丛状树冠。

如果花椒树长势偏，要及时设法纠正，一般衰老树新萌发的枝干都较直立，应采取撑、拉、别、坠等方法或在修剪时注意留枝条等，使之长出角度大的新枝；还可采用背后枝换头的方法，开张角度，使开张的角度向偏少方向延伸。更重要的是要充分利用一切可以利用的枝条，扩大偏少部分的树冠，使之尽快达到全树平衡。另外还要加强管理，使树势快速恢复，开始正常生长。修剪时首先剪去干枯枝、过密枝、病虫枝，注意对剪下的病虫枝一定要集中烧毁，以免继续繁殖传染。荣昌无刺花椒树的萌枝力较强，所以对老树还可以采取伐后萌蘖更新，让其长出新的枝条，重新培养树冠。这样从根部萌发的新树，第二年以后即可重新结果，采用这种方法培养的新花椒树，仍可继续结果 15～20 年。在修剪过程中，一般不要锯大枝，因为大枝是树体的骨干枝和主体，轻易锯掉后很难再长成，也会削弱树势，影响结果。如大枝非锯不可，则锯口一定要平整光滑，并在锯口上涂抹保护剂。

③ 衰老期根系的修剪。可用树冠外缘深翻断根法对根系修剪，促发新根。具体做法：在树冠外缘的下垂处，挖 1 条深、宽各为 50～100 厘米的环状沟，挖沟时遇到直径 1.5 厘米粗的根系时将其切断，断面要平滑，以利伤口愈合。根系修剪时期以 9 月下旬至 10 月上旬效果较好，有利于断根愈合和新根形成。修根量每年不可超过根群的 40%，或以达到 1.5 厘米粗根系量的 1/3 为宜。老树修根后要及时适量施肥，以满足产生新根所需的养分。

九、
荣昌无刺花椒病虫害防治技术

（一）荣昌无刺花椒病害基本知识

荣昌无刺花椒病害是指花椒树在生长发育过程中，由于受到不良环境条件的影响，或者遭受到病原生物的侵袭，使花椒树正常进行的各种生理机能发生障碍，最终表现为形态上、品质上的变化，甚至造成局部或全株死亡的现象。

1. 荣昌无刺花椒病害发生的原因

植物病害种类繁多，其致病的原因也多种多样。按致病因素一般分为侵染性病害（也称传染性病害）和非侵染性病害（也称非传染性病害）两大类。

（1）侵染性病害 植物侵染性病害是一类由生物因素引起的病害，也称为传染性病害。它是植物在一定环境条件下受到病原生物的侵害而引起的，其在林间发生后的病相表现常常是由少到多、由轻到重，植株之间和地块之间可以相互传染。并且能够在病株上检查到致病的病原生物。引起侵染性病害的病原生物有真菌、细菌、病毒、病原线虫和寄生性种子植物。

（2）非侵染性病害 非侵染性病害是由不适宜的物理、化学等非生物环境因素直接或间接引起的植物病害，又称生理性病害。因不能传染，也称非传染性病害。花椒非侵染性病害主要有由低温所致的冻害、由高温所致的日灼病、水分不足或过量所引起的旱害或涝害、营养元素缺乏所致的缺素症、过量施用农药所引起的药害等。

侵染性病害与非侵染性病害有着十分密切的关系。非侵染性病害的危害性不仅在于其本身能够导致植物的生长发育不良甚至死亡，还在于它削弱了植物的生长势和抗病能力，更容易诱发其他侵染性病原的侵害，加重危害植物从而造成更大的损失。如荣昌无刺花椒受冻后容易发生木腐病、枝枯病、梢枯病等。

2. 侵染性病害的病原

侵染性病害由于侵染源的不同，又可分为真菌性病害、细菌性病害、病毒性病害、线虫性病害、寄生性种子植物病害等多种类型。侵染性病害的病原以真菌为主，其次为细菌和病毒。

植物侵染性病害的发生发展包括以下 4 个基本环节：①病原物与寄主接触后，对寄主进行侵染活动（初侵染病程）；②由于初侵染的成功，病原物数量得到扩大，并在适当的条件下传播（气流传播、水传播、昆虫传播以及人为传播）开来，进行不断再侵染，使病害不断扩展；③由于寄主组织死亡或进入休眠，病原物随之进入越冬阶段，病害处于休眠状态；④到次年开春时，病原物从其越冬场所经新一轮传播再对寄主植物进行新的侵染。这也是侵染性病害的一个侵染循环。

（1）病原真菌及所致病害　真菌是引起荣昌无刺花椒病害最主要的一类病原生物，花椒锈病、花椒黑胫病等都是由真菌所引起的。植物病原真菌引起的病害占植物病害的 70%～80%。一般一种植物上可发现几种甚至几十种真菌病害。

① 真菌的一般性状。真菌属于低等植物，具有真正的细胞核，但没有叶绿体，是以吸收营养为主的异养生物，一般都能通过无性繁殖和有性繁殖的方式产生孢子而延续种群，其典型的营养体为丝状分枝结构，细胞壁的主要成分为几丁质或纤维素或两者兼有。

A. 真菌的营养体——菌丝。真菌的典型营养体为丝状体，单根称为菌丝，一团菌丝称为菌丝体。真菌的菌丝均为管状，直径 2～30微米，顶端可无限伸长和产生分枝。菌丝体在适宜基质表面生长形成菌落。菌丝的变态有厚垣孢子、芽孢或膨大细胞，吸器，菌环和菌网，附着枝，附着胞。

a. 厚垣孢子、芽孢或膨大细胞。厚垣孢子一般在不良环境条件下形成。老化菌丝细胞内原生质体收缩成圆形，外面形生一层厚壁，表面一般具有刺或瘤状突起，以抵抗不良环境，这种结构称为厚垣孢子。在无隔菌丝中，菌丝某一部分储存养分集中，同时分泌形成厚壁，与两端菌丝切断联系形成厚垣孢子。有时有隔菌丝多细胞的分生孢子（如镰刀菌）也能形成厚垣孢子。一些卵菌和接合菌的菌丝体在培养基表面常形成大型细胞，胞壁比一般菌丝的厚，这类大型细胞称芽孢或膨大细胞。

b. 吸器。吸器是指寄生性真菌从菌丝上发生傍枝，侵入寄主细胞吸收养分的结构。吸器的形状有丝状、指状、球状等，一般专性植物寄生真菌如锈菌、霜霉菌、白锈菌等都有吸器。

c. 菌环和菌网。菌环和菌网是指由菌丝分枝组成环状或网状结构，为捕食性真菌（尤指捕线虫真菌类）的特有菌丝变态。典型菌环由三个细胞的菌丝组成，自一短的菌丝侧枝柄上发生。菌网为多个菌丝环组成的网状物。菌环和菌网分泌黏性物质，将线虫黏住，线虫进入环中或网中，菌环细胞迅速膨胀，将线虫牢牢缠住，然后从环或网上产生菌丝，侵入线虫体内吸收养分。

d. 附着枝。附着枝是指由菌丝细胞产生的 $1\sim2$ 个短枝，使菌丝附着在寄主表面上，顶端细胞膨大形成圆形或裂瓣状的吸器。如小煤炱目真菌的外生菌丝均具有附着枝。

e. 附着胞。附着胞是指寄生真菌在侵染寄主过程中芽管或菌丝顶端的膨大部分。附着胞常分泌黏性物以牢固地黏着在寄主表面，再形成纤细的针状侵染菌丝侵入寄主的角质层。附着胞形状因真菌的种而异，如炭疽菌属，其附着胞形状是该属分种的性状之一。

B. 真菌的繁殖体——孢子。真菌繁殖的方式就是产生孢子，其繁殖分为有性繁殖和无性繁殖，分别产生有性孢子和无性孢子。

C. 真菌的无性繁殖。真菌的无性繁殖是指营养体不经过核配和减数分裂产生后代个体的繁殖。它的基本特征是营养繁殖，通常直接由菌丝分化产生无性孢子。常见的无性孢子有 3 种类型。

a. 游动孢子。游动孢子是指形成于游动孢子囊内的孢子。游动孢子囊由菌丝或孢囊梗顶端膨大而成。游动孢子无细胞壁，具

1～2根鞭毛，释放后能在水中游动。

b. 孢囊孢子。孢囊孢子是指形成于孢子囊内的孢子。孢子囊由孢囊梗的顶端膨大而成。孢囊孢子有细胞壁，水生型有鞭毛，释放后可随风飞散。

c. 分生孢子。分生孢子是指产生于由菌丝分化形成的分生孢子梗上，顶生、侧生或串生，形状、大小多种多样，单胞或多胞，无色或有色的孢子，成熟后从分生孢子梗上脱落。有些真菌的分生孢子和分生孢子梗还着生在分生孢子果内。分生孢子果主要有两种类型，即近球形的具孔口的分生孢子器和杯状或盘状的分生孢子盘。

D. 真菌的有性繁殖。真菌的有性繁殖是指真菌生长发育到一定时期（一般到后期）进行的有性生殖。有性生殖是经过两个性细胞结合后细胞核进行减数分裂产生孢子的繁殖方式。多数真菌由菌丝分化产生性器官，即配子囊，通过雌、雄配子囊结合形成有性孢子。其整个过程可分为质配、核配和减数分裂 3 个阶段。

a. 质配阶段，即经过两个性细胞的融合，两者的细胞质和细胞核合并在同一细胞中，形成双核期（$N+N$）。

b. 核配阶段，就是在融合的细胞内两个单倍体的细胞核结合成一个双倍体的核（$2N$）。

c. 减数分裂阶段，双倍体细胞核经过两次连续的分裂，形成 4 个单倍体的核（N），从而回到原来的单倍体阶段。经过有性生殖，真菌可产生 4 种类型的有性孢子。

一是卵孢子。即卵菌的有性孢子。是由两个异型配子囊——雄器和藏卵器接触后，雄器的细胞质和细胞核经受精管进入藏卵器，与卵球核配，最后受精的卵球发育成厚壁的、双倍体的卵孢子。

二是接合孢子。即接合菌的有性孢子。是由两个配子囊以接合的方式融合成 1 个细胞，并在这个细胞中进行质配和核配后形成的厚壁孢子。

三是子囊孢子。即子囊菌的有性孢子。通常是由两个异型配子囊——雄器和产囊体相结合，经质配、核配和减数分裂而形成的单倍体孢子。子囊孢子着生在无色透明、棒状或卵圆形的囊状结构即子囊内。每个子囊中一般形成 8 个子囊孢子。子囊通常产生在具包被的子囊果内。子囊果一般有 4 种类型,即球状而无孔口的闭囊壳,瓶状或球状且有真正壳壁和固定孔口的子囊壳,由子座溶解而成的、无真正壳壁和固定孔口的子囊腔,以及盘状或杯状的子囊盘。

四是担孢子。即担子菌的有性孢子。通常是直接由"+""—"菌丝结合形成双核菌丝,以后双核菌丝的顶端细胞膨大成棒状的担子。在担子内的双核经过核配和减数分裂,最后在担子上产生 4 个外生的单倍体的担孢子。

② 真菌的生活史。真菌的生活史是从孢子萌发开始,孢子在适宜的条件下萌发形成新的菌丝体,这是生活史中的无性阶段。真菌在生长后期,开始有性生殖,从菌丝上发生配子囊,产生配子,一般先经过质配形成双核阶段,再经过核配形成双相核的合子。通常合子迅速减数分裂,而回到单倍体的菌丝体时期,在真菌的生活史中,双相核的细胞是一个合子而不是一个营养体,只有核相交替,而没有世代交替现象。

(2) 病原细菌及所致病害 引起荣昌无刺花椒病害的病原细菌虽然没有真菌那么多,但在植物上也有不少重要病害。我国已经发现有 40 多种植物病原细菌,能够引起严重植物病害的植物病原细菌也有十多种。

① 细菌的一般性状。细菌是属于原核生物界的单细胞低等生物,其个体极其微小,只有用显微镜放大几百倍甚至上千倍才能看清楚它的形态。细菌的形态有球状、杆状和螺旋状 3 种,植物病原细菌都为杆状,大小为 (1～3) 微米×(0.5～0.8) 微米,且绝大多数具有细长的鞭毛。着生在菌体一端或两端的鞭毛称为极生鞭毛,着生在菌体四周的鞭毛称为周生鞭毛。细菌以裂殖方式进行繁殖,即当一个细胞长成后,从中间进行横分裂而成两个子细胞。细菌的繁殖很快,在适宜的条件下,每 20 分钟就可以分裂一次。大多数植物病原细菌都是死体营养生物,对营养的要求不严格,可以在一般人工培养基上生长。在固体培养基上形成的菌落多为白色、

灰白色或黄色。培养基的酸碱度以中性偏碱为宜，培养的最适温度一般为26～30 ℃。大多数植物病原细菌都是好氧的，少数为兼性厌氧。

② 细菌病害的侵染与传播。细菌性病害是由细菌侵染所致的病害，如软腐病、溃疡病、青枯病、斑点病等。侵害植物的细菌大多都是杆状菌，具有一根到数根鞭毛，可通过自然孔口（气孔、皮孔、水孔等）和伤口侵入，侵入后通常先将寄主细胞或组织杀死，再从死亡的细胞或组织中吸取养分，以进一步扩展。病原细菌借流水、雨水、昆虫及农事操作等传播。暴风雨能大量增加植物伤口，有利于细菌侵入，促进病害的传播，创造有利于病害发展的环境，造成细菌病害流行。病原细菌在病残体、种子、土壤中过冬，在高温、高湿条件下容易发病。

③ 植原体。植原体是一类尚不能人工培养、类似细菌但没有细胞壁、仅由三层单位膜包围的原核生物，专性寄生于植物的韧皮部筛管系统，引起枝条丛生、花器变态、叶片黄化、树皮坏死，以及生长衰退和死亡等病害症状。

（3）病原病毒及所致病害 植物病毒所致的病害，在农林生产上仅次于真菌，花椒主要受到一种至几种病毒侵染，直接影响其生产，是急需解决的问题。

① 病毒的一般性状。病毒是一类极其细小的非细胞形态的寄生物，通过电子显微镜可以观察到它的形态。大部分病毒的粒体为球状、杆状和线状，少数为弹状、杆菌状和双联体状等。病毒结构简单，其个体由核酸和蛋白质组成。核酸在中间，形成心轴。蛋白质包围在核酸外面，形成一层衣壳，对核酸起保护作用。病毒是一种专性寄生物，只能在活的寄主细胞内生活繁殖。当病毒粒体与寄主细胞活的原生质接触后，病毒的核酸与蛋白质衣壳分离，核酸进入寄主细胞内，改变寄主细胞的代谢途径，并利用寄主的营养物质、能量和合成系统，分别合成病毒的核酸和蛋白质衣壳，最后核酸进入蛋白质衣壳内而形成新的病毒粒体。病毒的这种独特繁殖方式叫作增殖，也称为复制。通常病毒的增殖过程也是病毒的致病

过程。

② 病毒的侵染与传播。植物病毒除借带毒的繁殖材料如接穗、鳞茎、块根、块茎等传播外，还通过昆虫，以及螨类、土壤中的真菌、线虫等媒介体传播，这种传毒方式称介体传毒。此外，花粉与种子可传播瓜类及豆类植物的病毒，嫁接可传播果树病毒等，这种传毒方式称非介体传毒。在自然界，某种植物病毒通过一种或多种方式传播，并因植物病毒的种类不同而异。传毒昆虫以具刺吸式口器者为主，如蚜虫、叶蝉、飞虱、蓟马、白粉虱等；仅少数具咀嚼式口器。它们在危害植物的同时将病毒从病株传到健株上。

③ 类病毒。类病毒是 20 世纪 70 年代初期由美国植物病理学家 Diener 及其同事在研究马铃薯纺锤块茎病病原时，观察到的一种和病毒相似的游离的小分子感染性颗粒。

A. 类病毒与病毒的相同点。一是都能侵入宿主细胞。二是都能借助宿主细胞增殖机制完成自身增殖。

B. 类病毒与病毒的不同点。一是类病毒没有蛋白质衣壳包裹，仅是一类小分子核糖核酸（RNA）。二是被类病毒感染的组织并不包含病毒颗粒。三是类病毒自身不编码任何蛋白质。四是类病毒在感染的宿主细胞中直接复制，不会经过逆转录步骤整合到宿主细胞的染色体上。

（4）植物寄生线虫 线虫又称蠕虫，是线虫动物门线虫纲的一类线形低等动物。线虫广泛分布于土壤、淡水和海水中，有些还是人和动物的寄生物。几乎每一种植物都有线虫，线虫危害后的症状与一般病害的症状十分相似，因此习惯上一般把寄生线虫作为一种病原物进行研究。

① 植物寄生线虫的形态与性状。植物寄生线虫是指能寄生于植物的各种组织，使植物发育不良，并且在感染寄主的同时会传播其他植物病原，造成植物出现疾病症状的一类线虫。植物寄生线虫的体型很小，一般长度不足 1 毫米，卵生繁殖，雌雄交配产卵后孵化为幼虫，幼虫再经几次蜕皮变为成虫，虫体呈细长圆柱体，两端尖细。植物寄生线虫口腔内有刺状吻针，能够穿刺植物组织，在组

织内移动并吸食植物的汁液，且诱发其他病害，加剧危害植物。植物寄生线虫只能在活的植物体上吸食和繁殖，幼虫依靠自身体内储藏的养分在植物上生活，因此其存活的时间一般都较短，但许多线虫的卵和幼虫在植物体外能够以休眠状态长期存活。

② 植物寄生线虫的寄生与致病。植物寄生线虫机械性破坏和毒性作用对植物的危害程度与虫种、寄生数量、发育阶段、寄生部位以及树体对寄生虫的防御能力与免疫反应等因素有关。感染阶段为幼虫的寄生线虫，当幼虫侵入花椒树皮时，可以引起皮部病害；当幼虫在花椒树体内移行或寄生于组织内时，可引起局部病症反应或全株反应。成虫致病多与寄生部位有关，一般均可导致组织出现损伤、流汁、病症、细胞增生等病变。

（5）寄生性种子植物 寄生性种子植物是指缺少足够的叶绿体或某些器官退化而依赖他种植物体内营养物质生活的某些种子植物。如寄生在荣昌无刺花椒树上的菟丝子等。

① 寄生性种子植物的分类。根据对寄主的依赖程度寄生性种子植物可分为绿色寄生植物和非绿色寄生植物两大类。绿色寄生植物又称半寄生植物，有正常的茎、叶，营养器官中含有叶绿体，能进行光合作用，制造营养物质；但同时又产生吸器从寄主体内吸取水和无机盐类。非绿色寄生植物又称全寄生植物，无叶片或叶片退化，无光合作用能力，其导管和筛管与寄主植物的导管和筛管相通，可从寄主植物体内吸收水分、无机盐、有机营养物质等进行新陈代谢。按寄生的部位，寄生性种子植物还可分为根寄生和茎寄生。

② 寄生性种子植物的传播。寄生性种子植物有的是其种子混杂于作物种子中被播入土壤，条件适合时萌发，缠绕寄主后产生吸盘，如菟丝子。有的是其果实被鸟类啄食后，种子被吐出或经消化道排出黏在树皮上，条件适宜时萌发；胚根接触寄主形成吸盘，溶解树皮组织；初生根通过树皮的皮孔或侧芽侵入皮层组织形成假根并蔓延；之后产生次生吸根，穿过形成层至木质部，如桑寄生、槲寄生等。有的寄生性种子植物从寄主自然脱落后，在遇到适宜的寄

主植物时又能寄生，如列当等。

③ 寄生性种子植物的防治。宜结合耕作栽培技术，根据寄生植物的特点进行。如菟丝子的防治主要靠播种前清除混杂在作物种子中的菟丝子种子，或在菟丝子开花前割除其植株并深埋。桑寄生的防治应在寄主植物果实成熟前铲除寄主上的吸根和匍匐茎。也可通过禾本科作物与其他作物轮栽换茬来防治，并应严格执行检疫制度。

3. 植物病害的症状

植物病害症状是指感病植物在病原物或不良环境条件干扰下，其生理、组织结构和形态上所发生的病变特征。肉眼可直接观察到的病变，称为宏观症状；借助显微镜才能辨别的病变，称为微观症状。微观症状多应用于病细胞或病组织的研究范围内，只在植物的病毒病诊断上具有一定的参考价值，如观察韧皮部中有无坏死细胞，筛管和导管中有无增生结构，以及在感染病毒病的病细胞中出现的各种内含体的形态和类型等。

症状是确定植物是否发生病害并作出初步诊断的依据。但由于不同的病原和发病原因可以导致相同的症状，而相同的病原物或发病原因在不同寄主或不同环境下也可导致不同的症状，故除症状外，还须进一步鉴定病原物，并了解其寄主植物以及环境条件对症状的影响等。

因寄主植物和病原物所表现的特征不同，宏观症状常分为病状和病征两个方面。

（1）病状 病状是指感病植物的外部特征。一般有以下几种类型：

① 变色。指整个植株、整个叶片或叶片的一部分变色。主要表现为褪绿和黄化，也有的表现为紫色或红色等其他色泽的变化，叶色变深成蓝绿色或叶片表面呈金属光泽（银叶病）等。叶片上不均匀的变色，如常见的花叶，是由不规则的深浅绿或黄绿相间形成的。变色部分呈不规则斑块的为斑驳，呈环状的为环斑或几个环斑组成的同心斑和线条状变色的线纹。单子叶植物的花叶症状是在平

行叶脉间出现条纹或条点等不规则变色。沿叶脉变色的症状有脉带和脉明，花部颜色的变化有花色变绿等。变色症状是由于叶绿素或其他色素受破坏或抑制所致。常表现于植物病毒病和有些非侵染性病害，如土壤中缺铁时植物褪绿，缺氮则黄化，土壤中积累盐碱太多或含其他有毒物质导致植株发黄或变红等。有些植原体（又称类菌原体）引起的病害，往往表现黄化。

② 坏死。是指局部细胞和组织的死亡。症状表现因坏死部位不同而异。叶片上的局部坏死称叶斑，有各种形状和表现。呈轮纹的为坏死环斑或轮纹斑；而蚀纹则仅是表皮细胞的坏死，不同形状的蚀纹又分别称为线纹和橡叶纹等。坏死的叶斑组织脱落即形成穿孔。各种器官均可产生局部坏死，如茎部的条斑坏死（幼苗茎基坏死表现为立枯或猝倒）、果实上的坏死等。内部组织的坏死有块茎内的褐斑、网腐和黑心，维管束的褐死和韧皮部坏死以及果实苦陷等。

③ 腐烂。是指整个组织和细胞的破坏和消解。植物的根、茎、花、果实都可发生，尤见于幼嫩组织。组织腐烂时可随着细胞的消解而流出水分和其他物质。细胞消解较慢时腐烂组织中的水分会及时蒸发而形成干腐，如果实受侵染腐烂后形成的僵果即是。反之，如果细胞的消解很快，腐烂组织不能及时失水，则形成湿腐或软腐。一些病原细菌和真菌可分泌果胶酶，使连接细胞的中胶层分解，导致细胞离析、内含物死亡或分解。从受害部位的细胞或组织中流出分解产物的情况，称异常分泌，其性质与腐烂相似。病部流出胶体物的称流胶，松柏科植物反常溢出树脂的称流脂，流出乳状液的称流乳，流出不能凝固的树液时称流液。

④ 萎蔫。是指植物输导系统被病原物毒害或病组织的产物阻塞造成的不可逆性萎蔫。一般根或主茎的维管束受害引起的萎蔫多是全株性的，分枝叶柄或部分叶脉的维管束受害则是局部性的。

⑤ 畸形。是指感病植物组织和器官所发生的皱缩、卷曲、矮缩、丛簇、丛枝、发根、肿瘤以及花器和种子变态等现象。矮缩是全株发生抑制性病变，生长发育不良、植株矮小。丛簇只是主轴节

间的缩短，或节间的数目同时减少，但叶片的大小仍正常。枝条不正常的增多形成丛枝。根的增多或不正常地过度分根形成发根。肿瘤在根、茎、叶上均有发生。茎和叶脉上可形成突起的增生组织，如耳突、疱疹、刺疣以及器官的增生等。此外植株还会产生生长习性对称性的改变，如由匍匐性变为直立性等。叶子感病后发生的病变也很多，如叶片变小，全缘叶变为缺刻叶，叶面高低不平形成皱缩叶，叶片沿主脉向上或向下翻卷形成卷叶等。花的各部分变为绿色叶片状的叶变等则是一些特殊的变化。

(2) 病征　病征是指病原物在病株发病部位所表现的特征。主要有以下几种类型：

① 霉状物。感病部位产生的各种霉层，其颜色、质地和结构等变化较大，如霜霉、绵霉、绿霉、青霉、灰霉、黑霉、红霉等。

② 粉状物。病部产生的白色或黑色粉状物。白色粉状物多见于病部表面；黑色粉状物多见于植物器官或组织被破坏之后。

③ 锈粉状物。病部表面形成一堆堆的小疱状物，破裂后散出白色或铁锈色的粉状物。

④ 粒状物。病部产生的大小、形状及着生情况差异很大的颗粒状物，有的是针尖大小的黑色小粒，不易与组织分离，为真菌的分生孢子器或子囊壳；有的是形状、大小、颜色不同的颗粒，为真菌菌核。

⑤ 根状菌索。感病植物根部以及附近的土壤中产生的紫色线索状物。

⑥ 菌脓。病部产生的胶黏脓状物，干燥后形成白色的薄膜或黄褐色的胶粒，是细菌性病害所特有的病征。

4. 各类病因所致的病害症状识别

通过病状检查，环境因素分析，了解各病因所致病害及其特点，以便于症状识别。

(1) 生理性病害　植物生理性病害由非生物因素即不适宜的植物生长发育环境条件引起，这类病害没有病原物的侵染，不能在植物个体间互相传染，所以也称非传染性病害。植物生理性病害具有突发性、普遍性、散发性、无病征的特点，可由各种因素引起，其中黄化、小叶、花叶等缺素症状，更为植物所常见，有的易与病毒混淆，确诊时需全面分析观察，其他生理性病害也应积极防治。

（2）病毒性病害　病毒性病害发生在多种植物中。这类病害可致死寄主，但一般引起矮缩或生长衰退且常伴有一种或多种下列症状：缺绿、花叶、耳突、局部病斑、斑驳、环斑、丛簇、条斑、茎梢坏死、叶脉带化等。感病植物经常出现反常的内含体，包括 X 体、晶状体以及颗粒（可能是反常的细胞器或病毒蛋白质衣壳等）。

在整株病害中，症状可能限于叶或茎部，在感染前已经充分成熟的植物组织可以不表现症状。非整株病害一般显示局部病斑。在植物体内，病毒可通过韧皮部迅速蔓延，或通过胞间连丝缓慢扩散。一些感病植物可以不表现症状，但生长发育缓慢，当有适宜的环境条件时，病状可以发展起来。

（3）细菌性病害　细菌性病害的病症主要有以下几种辨别方法。

① 斑点型和叶枯型细菌病害。其发病部位，先出现局部坏死的水渍状半透明病斑，在气候潮湿时，在叶片的气孔、水孔、皮孔及伤口上有大量的细菌溢出黏状物——细菌脓。

② 青枯型和叶枯型细菌病害。其确诊依据，用刀切断病茎，观察茎部断面维管束是否有变化，并用手挤压，即在导管上流出乳白色黏稠液——细菌脓。利用细菌脓有无可与真菌引起的枯萎病相区别。

③ 腐烂型细菌病害。其共同特点是病部软腐、黏滑，无残留纤维，并有硫化氢的臭气。而真菌引起的腐烂则有纤维残体，无臭气。

④ 镜检。遇到细菌性病害发生初期，还未出现典型症状时，需要在低倍显微镜下进行检查，其方法是切取小块新鲜病组织放在载玻片的水滴中，盖上盖玻片并轻压后立即置于显微镜下观察。如果是细菌性病害，病组织切口处可见大量细菌流出。也可用两块载玻片将小块病组织夹在其中，直接对光用肉眼观察溢菌现象。维管

束病害的溢菌量一般比较多，溢菌时间长达几分钟至十几分钟，薄壁组织病害的溢菌量较少，持续时间较短。

（4）真菌性病害 真菌会产生菌丝和孢子，并且在病斑处着生霉层或小黑点，尤其在温暖潮湿的环境下更加明显，这是判断真菌病害的一个主要依据。真菌病害类型很多，引起的症状也比较多样，常见的有霜霉病、白粉病、黑粉病、叶斑病、锈病、枯萎病、腐烂病等。真菌病状有几点，坏死腐烂和萎蔫；染病组织和器官，各种色点常出现；根腐叶枯和叶斑，各种作物最常见；真菌病症独特显，霉粉锈斑长上面；霜霉灰霉多分辨，白粉黑粉记心间。

（5）寄生线虫病害 一般将植物的受害部位或根际土壤进行分离，可获得线虫虫体。植物寄生线虫绝大多数为雌雄同形，即雌雄虫均呈线状，细长透明，虫体很小。一般体长仅1毫米，体宽0.05毫米左右，要借助立体显微镜才能看清。也可以直接镜检虫瘿、根结节、胞囊、卵囊等，进行诊断和鉴定。诊断时应注意，植物的内寄生线虫容易在病部分离到，而根的外寄生线虫一般需要从根际土壤中分离。分离得到的线虫还要进行人工接种，通过柯赫氏法则确定其病原性。有些线虫与真菌、细菌等一起引起复合侵染，需要引起注意，加以鉴别。

（6）高等寄生植物病害 高等寄生植物病害是指菟丝子、桑寄生、列当等一般存在着显著寄生性的显花植物引起的病害。在受病的植株上，或其根茎部能够检查到这类病原。

5. 植物病害诊断方法

（1）症状观察诊断法 各种病害常具有特征性症状，特别是比较常见和熟知的病害，一般根据症状就能作出正确的诊断。症状表现的部位有时并不一定是植物受侵染的部位，例如梢枯可以是枝梢直接受病菌侵染所致，也可能是由于根病或维管束病的影响。有时，不同的病原可以引起相同的或相似的症状，如枝干溃疡病的病原可能有日灼、冻害、真菌或细菌。故单凭症状很难作出准确的诊断。

（2）病原物检查诊断法 植物侵染性病害的病组织内，都有病原物存在，病原真菌还常常在病组织表面形成子实体。根据病原物的存在及其形态作出诊断，是较为可靠的方法。但有时在植物病部存在的菌类可能只是次生的或腐生的生物，或是寄生的但是不致病的生物，因此还要进一步证明它们的致病性。

（3）**病害诱发诊断法**　人为地使某种可能的致病因素作用于健康植株，并给予适当的发病条件诱使发病，观察其症状同自然发病症状是否相同，从而对自然发病的病原作出判断。病害诱发试验一般按照柯赫氏法则采取如下步骤：将病原物自植物病组织中分离出来；将分离得到的病原物在人工培养基上培养，并进一步纯化得到纯种；将病原物的纯培养人工接种到健康的寄主植株上，并给予适当的发病条件使其发病，病害的症状应与自然发病植株的症状基本相同；从人工接种发病的病组织中再进行分离，应得到与接种物相同的病原物。这些步骤概括为分离→培养→接种→再分离。但人工诱发病害因种种原因有一定局限性，例如有些病原物难以在人工培养基上培养；有时对某种病害的发病条件还不清楚，接种就不易成功等。

（4）**病害治疗诊断法**　用对某些病害有特效的化学物质给诊断对象进行治疗，如有明显疗效，即可对该病害的病原作出判断。例如植原体对四环素族的抗生素很敏感，用四环素处理植原体病害的病株，能有效抑制症状的发展。这种特性可以作为诊断植原体病害的根据之一。

（5）**血清诊断法**　植物病原细菌对同种细菌的抗血清有凝集反应。在待鉴定的菌种的培养物中加入已知菌种的抗血清，如有凝集反应，即证明它们是同一种。血清法也用于病毒病害的诊断。

（6）**其他诊断法**　许多植物病原细菌各有其专化的噬菌体，用已知的噬菌体处理待检细菌，如有噬菌作用，即可作出鉴定。随着生物化学和植物病态生理学的发展，发现不同的植物病害在生理生化上有特异的反应，如同工酶的差异等。这些特异性反应将来可能成为植物病害诊断的重要依据。

在植物病害诊断中，对不同的病害，可以运用上述方法的一种

或多种。植物真菌病害除表现特征性症状外，大多数病害到后期会在寄主病部出现病原菌的子实体。用显微镜检查子实体的形态，即可作出诊断。对那些专性寄生的和强寄生的病原真菌，这种诊断是很可靠的。但有些真菌不容易产生子实体，或者当感病植物上出现的是一种或一种以上的弱寄生真菌的子实体时，就必须按柯赫氏法则进行诱发试验，以证明它们的致病性。植物细菌病害的症状特征是叶上病斑常呈多角形或不规则状，外围有半透明晕环。因病组织中有大量细菌存在，所以将一小块病组织放在载玻片上的水滴中，在显微镜下可见大量细菌自病组织中向水里扩散呈云雾状。病死的组织中也可能存在腐生细菌，要作出正确的诊断，进一步按柯赫氏法则进行诱发试验是必要的。

植物病毒病害、植原体病害和类立克次氏体细菌病害的症状特征是表现花叶或黄化，花器叶化、萎缩，枝条簇生、衰退等。用电子显微镜检查病组织超薄切片，可发现存在于韧皮薄壁细胞中的是病毒粒体，存在于筛管细胞中的是植原体细胞，存在于木质细胞或筛管细胞中的是杆状类立克次氏体细菌，但须用病害诱发试验证明传染性。这些病害的诱发通常用嫁接传染法，即将带病的枝条、芽或树皮嫁接到健康的植株上，观察健康植株是否发病并表现同样症状。也可用菟丝子传染法使菟丝子先在有病植株上寄生，然后伸展到健康植株上寄生，这些病原物即可通过菟丝子进入健康植株而发病。此外，植原体对四环素很敏感，对青霉素则不敏感；类立克次氏体细菌对两者都敏感。病毒则对两者都不敏感。因此，用四环素及青霉素处理病株，观察对症状是否有抑制作用，可将三类病原物所致的病害区别开。非侵染性病害的诊断比较复杂。从症状上很难将它们同侵染性病害区别开。但非侵染性病害发生的时间和空间常有一定的规律性。许多非侵染性病害的发生常同气象的变化有直接联系，例如晚霜害多在春季寒潮过后晴朗无风的夜晚发生；工矿区的烟害常在低气压的气候发生；涝害多在雨季发生等。有些非侵染性病害的分布范围与地形、地势及土质等有较密切关系，例如刺槐缺铁症多在盐碱性土地上发生；杉木黄化病多在排水不良或土壤瘠薄的土地上发生等。有些病害同植物本身的部位也有关系，例如苗木的日灼病多发生在苗木基部的西南面；树干冻裂也以西南面和南面为多；因冻害或干旱引起的叶枯病多自叶尖、叶缘开始发生等。有些非侵染性病害在其分布的范围往往在短时期内同时发生，但发生之后，不再扩展蔓延。而大多数侵染性病害常有一个从轻到重、从少到多、从点到面的发展过程。非侵染性病害还可以用诱发试验或治疗试验来诊断。空气污染所致的病害可以用 SO_2、SiF_4 等有毒气体在容器中处理植株枝叶，看所引起的症状是否与自然发病的相同。缺素症可以用不同的矿质元素喷射或注射，看哪一种元素有治疗效果，即说明该病缺乏这一元素。由于土壤不适条件所致的病害，可将有病植株移植于无病区土壤中，常常可以恢复健康。

6. 病原物的来源与传播

（1）病原物的来源 病原物的来源主要是指寄主被侵染以前病原物存在的场所，即植物发病的起源。病原物的初侵染主要来源于田间病株（有病植株）、带菌种子苗木及其他繁殖材料、病株残体、土壤、肥料等病原物越冬或越夏的场所。

① 病株。是指发生病害的植株，是病原物的寄主同时又是产生病原物的基地。因此病株不仅是当年的病原物的来源，还是病原物休眠、越冬的场所。很多病原物可以在休眠或枯死的病株上潜伏越冬，至第二年再蔓延危害，所以处理花椒病株，清洁花椒园等都是消灭花椒园病原物来源防止发病的重要措施。

② 带菌种子苗木及其他繁殖材料。很多病害都是由带菌种子苗木及其他繁殖材料传播的，有的病原物潜伏在种子内部，有的病原物附着在种子外部，有的混在种子之间，如线虫病的虫瘿、菟丝子的种子等常和种子混杂在一起，这些带病的种子，均能成为第二年的侵染来源。田间播种前的种子处理工作是很重要的一项预防措施。

③ 病株残体。死体营养型病原体都能在病株残体上存活。

④ 土壤。病原体和病株的残体，都很容易落到地面，混入土壤，有的即以土壤为存在场所，并可越冬继续保持侵染能力，例如

很多真菌的冬孢子、菌核等都可以在土壤中生存很久，有些经过多年还有生命力。

⑤ 肥料。用病株制成的堆肥，如未经充分发酵腐熟就有可能存在很多的病原体。此外有些病原菌随着饲料通过家畜的消化道而混在粪便中。还有一些病原菌可以在肥料中生活和繁衍。因此堆肥必须充分发酵腐熟后才能使用。

(2) 病原物的传播途径　病原物的传播途径主要有主动传播（扩散传播）、被动传播（包括气流传播、雨水和流水传播、昆虫等媒介传播、土壤和肥料传播、人为因素传播）。

① 主动传播。是指通过病原物自身活动主动扩散的传播，如线虫在土壤中的爬行，真菌游动孢子和细菌的游动等，主动传播途径是短距离的，而且有限。

② 被动传播。是指绝大多数病原物依靠气流、雨水、灌溉、昆虫介体和人为因素等的传播，这是病原物的主要传播途径。被动传播包括以下传播途径。

A. 气流传播。多种病原物接种体，尤其是真菌的孢子体积小、重量轻，极易随气流而脱离产孢器官，飘浮在空气中。有少数种类真菌孢子可随气流向上达到几千米高空或水平方向扩散到几百千米以外，并且仍能保持一定的活力。由于孢子重量极轻，降落的速度很慢，一旦遇下沉气流或被雨滴淋洗，则迅速下落，那些还保持活力的孢子，若接触到感病寄主植物，在适宜条件下引起侵染而发病。如小麦条锈病菌的夏孢子可从中国甘肃平凉随气流远距离传播到陕西武功，引起麦株发病后，再传播到关中东部和山西南部广大麦区。又如，美国得克萨斯州越冬的小麦秆锈病菌的夏孢子，能通过气流传播到 1 700 千米外的北达科他州春麦上危害。因此，气流传播夏孢子速度快、距离远、波及面大。但多数种类真菌孢子都降落在菌源附近，随气流传播的距离并不太远，主要因受孢子云被气流冲淡和分割、孢子密度减小，并受到大气中温度、湿度、光照以及自身存活力等的影响。如稻瘟病菌的分生孢子扩散高度常集中在大气下层相当于稻株高度的范围内，随着高度增加，孢子量减少。梨锈菌的担孢子经气流传播范围约在 5 千米以内，梨株距菌源越近，发病率越高，田间病株的分布与风向有密切关系。粟白发病菌的孢子囊不耐干燥，叶面露水干后不久即丧失活力，随气流传播的距离一般较近。在某些情况下，气流也能传播一些其他病原物，如土壤中的线虫等，随着土粒、病残体而被气流传送到其他地方，另外，带有病毒、细菌或真菌的昆虫，含有真菌孢子、细菌和线虫的雨滴也可被气流传播。

B. 水流传播。水流传播病原物接种体不及气流传播远，但传播效率高。雨水可使飘浮在空气中的真菌孢子和细菌等淋落到寄主植物表面；处在黏液中的炭疽菌、壳囊孢等真菌的孢子和处在菌脓中的细菌经雨水冲洗，随水流方向扩散。雨量大小与这类病原物的传播关系密切，风雨交加更有利其扩展与侵染。如暴风雨或洪涝常导致水稻白叶枯病病株率迅速增大。烟草苗期多雨，炭疽病重。田间的菌核和胞囊线虫等也可经水流传播。

C. 介体传播。在植物上取食和活动的昆虫、螨类和线虫等，不仅直接危害植物，有一些还能传染或传播某些植物病毒、植原体和部分细菌、真菌等病原物。

a. 昆虫。具刺吸式口器的昆虫如蚜虫、叶蝉和飞虱等的取食行为，能有效地传播多种植物病毒，成为最重要的传毒介体。已知约有 400 种昆虫能传播约 200 种病毒。介体昆虫在传毒种类上有不同程度的专化性，如叶蝉和灰稻虱分别传染水稻矮缩病毒和条纹病毒。介体昆虫传毒期限可分为非持久性和持久性两类，前者多由蚜虫传毒，后者多经叶蝉、飞虱和部分蚜虫传毒。病毒在虫体内有的不能增殖，有的可以增殖，有的终身带毒或可经卵传毒至后代。病毒能在虫体内增殖的，传毒虫亦是病毒的寄主之一。此外，蓟马、粉虱、粉蚧和网蝽等也能各自传染少数种类的病毒。叶蝉还能传染植原体和螺原体，分别引起枣疯病和玉米矮化病等。柑橘木虱能传染类细菌引起柑橘黄龙病。部分具咀嚼式口器的昆虫也能传染一些病原物，如玉米叶甲传染玉米枯萎病菌，黄条跳甲和松褐天牛分别传染十字花科蔬菜软腐病菌和松材线虫。

b. 螨类。螨类具刺吸式口器，已知约能传染 10 种病毒，在传毒种类上也有专化性，如曲叶螨仅传染小麦条点花叶病毒，病毒存在于中肠，未发现在螨体内增殖，也不能经卵传染。

c. 线虫。营外寄生的矛线目线虫能传染约 20 种主要属于烟草脆裂病毒组和蠕传球体病毒组的病毒，这类线虫危害植物根系，营非固定的专性寄生生活。线虫在病株根上吸取汁液，病毒即被吸附在线虫口器或食道上，带毒线虫再到健株根部取食时，病毒即被传染到健株而引起发病，但病毒在线虫体内不能增殖，带毒虫体蜕皮后即失去传毒能力。有的线虫能传播病原细菌和真菌，如小麦种瘿线虫传播小麦棒形杆菌和看麦娘双极孢，而引起小麦密穗病和卷曲病。

D. 真菌。在壶菌目和根肿菌目真菌中，有些种类能传染病毒，它们在传毒种类上也有专化性，如芸薹油壶菌传染烟草坏死病毒和烟草矮化病毒。病毒粒子附着在游动孢子表面或鞭毛上，当游动孢子接触寄主植物根毛时，病毒随鞭毛收缩进入休止孢原生质内，并随休止孢萌发一道侵染。又如多黏霉菌传染小麦梭条花叶病毒和大麦黄花叶病毒。病毒粒子在休眠孢子（囊）内，休眠孢子（囊）释放带毒的游动孢子，病毒随游动孢子一道侵染植物。

此外，所有在植物间活动和行走的动物，都能传播真菌孢子、细菌、线虫和寄生性高等植物种子等病原物。

E. 土壤传播。有些病原物在土壤中能存活较长时间。如真菌的卵孢子、厚垣孢子和菌核，根结线虫，烟草花叶病毒等，一旦接触到寄主植物的根或茎基部，就可侵染引起病害。

F. 人为传播。种子、球根、块根、分株、插条等繁殖器官和苗木的内外常带有病原物，可随人类的经济贸易活动、科技交流等，不受地理条件限制而进行远距离传播。如马铃薯晚疫病菌，原先只在南美洲发生，18 世纪随种薯调运传到欧洲，导致马铃薯晚疫病在欧洲大发生；大丽轮枝孢和尖孢镰孢萎蔫专化型在美国引起棉花黄萎病和枯萎病，20 世纪 30 年代随美棉种子传入中国，以后，病害随棉种调运扩散到中国的多数棉区。人类在农事操作中也能扩散多种病原物，如农机具在田间的耕作活动，可使存在土壤中的根结线虫等病原物随土壤的移动和工具的传带而扩散。又如间苗、整枝、打杈和嫁接等也可传染多种病害。

7. 植物病害的侵染过程与发生条件

（1）病害的侵染过程　是指病原物与寄主植物可侵染部位接触，并侵入寄主，在其体内繁殖和扩展，使寄主显示病害症状的过程。侵染过程受病原物、寄主植物和环境因素的影响。病原物的侵染是一个连续的过程，这个过程就是植物侵染性病害发生发展的过程，简称"病程"。病程可分为 4 个时期，即侵入前期、侵入期、潜育期、发病期。

① 侵入前期。是指病原物在侵入前与寄主植物存在相互关系并直接影响病原物侵入的一段时间。侵入前期可分为接触以前和接触以后两个阶段。许多病原物的侵入前期多以病原物与寄主植物接触开始到形成某种侵入结构为止，因而也称为接触期。这一时期是决定病原物能否侵入寄主的关键时期，也是病害防治的重要时期。植物表面的理化性状和微生物组成对病原物的侵入前期影响最大。病原物接触寄主前，植物根分泌物能引诱土壤中植物线虫和真菌的游动孢子向根部聚集，促使真菌孢子和病原物休眠体的萌发，有利于病原物侵染结构的形成，为入侵寄主做准备。此外，接触寄主前，病原物还受到根围或叶围其他微生物的影响，这些影响包括微生物的拮抗作用和竞争作用。因而，可利用这些有益微生物来进行病害的生物防治。病原物与寄主接触后，常常不立即侵入寄主，而在植物表面生长活动一段时间。在这个过程中，真菌孢子萌发生成的芽管或菌丝的生长，细菌的繁殖，线虫的移动等有助于病原物到达植物的可侵染部位。侵入前期也是病原物与寄主植物相互识别的时期。这种识别包括病原物对寄主植物的趋触性、趋电性和趋化性等。病原物对感病寄主的亲和性和对抗病寄主的非亲和反应，与其对应的寄主蛋白质等细胞表面物质的特异性识别有关。在侵入前期，病原物受环境条件影响较大。温度和湿度往往影响病原物的活动和侵入结构的形成。例如，许多真菌孢子只有在水滴中才能萌发

形成芽管。

②　侵入期。是以病原物开始侵入到侵入后与寄主建立寄生关系的一段时间。病原物侵入寄主植物通常有直接侵入、自然孔口侵入和伤口侵入等3种方式。

A. 直接侵入。是指病原物直接穿透寄主表面保护组织（蜡质层、角质层等）和细胞壁的侵入。这是真菌和线虫最常见的侵入方式，也是寄生性种子植物最主要的侵入方式。真菌直接侵入的典型过程：附着于寄主表面的真菌孢子萌发形成芽管，芽管顶端膨大形成附着胞，附着胞分泌黏液固定在植物表面并产生纤细的侵入钉，侵入钉借助机械压力和分泌的酶共同作用穿透角质层和细胞壁进入细胞内。也有的侵入钉穿过角质层后先在细胞间扩展，再穿过细胞壁进入细胞，侵入钉穿过角质层和细胞壁后变粗，恢复原来的菌丝状。

B. 自然孔口侵入。是指病原物从植物的气孔、水孔、皮孔、柱头、蜜腺等许多自然孔口的侵入方式，其中以气孔侵入最为普遍和重要。许多真菌孢子落在植物叶片表面，在适宜的条件下萌发形成芽管，然后芽管从气孔侵入。不少细菌也能从气孔侵入寄主。有的细菌如水稻白叶枯病菌从水孔侵入，有的细菌如梨火疫病菌还通过蜜腺或柱头进入花器。少数真菌和细菌能通过皮孔侵入，如软腐病菌和苹果轮纹病菌等。

C. 伤口侵入。是指病原物从植物表面各种伤口侵入寄主。这些伤口除外力造成的各种机械损伤外，还包括植物本身在生长过程中的自然伤口，如叶片脱落后的叶痕和侧根穿过皮层时所形成的伤口。植物病毒、类病毒和植原体必须在活的寄主组织上生存，必须通过活的寄主细胞上极轻微的伤口侵入细胞。大部分真菌和细菌均可通过各种原因造成的伤口侵入寄主植物。有些病原物除以伤口作为其侵入途径外，还利用伤口的营养物质，有的先在伤口附近的死亡组织中生活，然后再进一步侵入健全的组织。

病原物侵入寄主所需的时间一般很短，通常几分钟至几小时，很少超过24小时的。病原物要有一定的数量才能引起寄主感染和发病。病原物完成侵染所需的最低接种体数量称为侵染剂量。侵染剂量因病原物的种类、活性、侵入部位和寄主品种的抗病性而异。许多侵染植物叶片的真菌，单个孢子就能成功侵染。

病原物的侵入受环境因素的影响，其中以湿度和温度影响最大。多数病原物在高湿条件下才能成功侵入。因此，在进行人工接种时，被接种植物往往需要保湿。细菌侵入需要有水滴和水膜存在。多数真菌的侵入需要高湿度，湿度越高越有利于侵入，有水滴存在时最有利于大多数真菌的侵入。温度主要影响病原物的萌发和侵入速度。在一定范围内，温度越高，病原物侵入越快。

光照与侵入也有一定关系，对于从气孔侵入的病原真菌来说，因为光照关系到气孔的开闭而影响其侵入。

③ 潜育期。是指从病原物侵入后与寄主建立寄生关系到寄主开始表现症状的一段时间。潜育期是植物病原物侵染过程中的重要环节。病原物侵入后，首先在寄主体内定殖，建立寄生关系，从寄主体内获得水分和营养，并从侵染点向四周扩展，进一步生长、繁殖，最后引致寄主发病。但是寄主对病原物的侵入必有一定的反应。因此，潜育期也是病原物和寄主植物相互作用的时期。侵入寄主的病原物不一定都能建立寄生关系。建立了寄生关系的病原物也不一定都能顺利地在寄主体内扩展而引起发病。例如，小麦散黑穗病菌从小麦花器侵入后，虽与寄主建立了寄生关系，并以菌丝体潜伏在种胚内越夏，但当种子萌发时，潜伏的菌丝体不一定都能进入幼苗生长点，而进入幼苗生长点的病菌也不一定都能引起最后发病。有学者用同一批麦种，接种后分期取样检查，发现小麦散黑穗病的最后发病率小于幼苗生长点的带菌率，幼苗生长点的带菌率小于种胚带菌率。潜育期内病原物与寄主之间最基本的关系是营养关系。病原物必须从寄主获得必要的营养物质和水分，才能进一步繁殖和扩展。病原物在寄主组织内的生长蔓延大致可分为3种情况：一是病原物在植物细胞间扩展，从细胞间隙或借助于吸器从细胞内吸收养分和水分，如专性寄生真菌等；二是病原物侵入寄主细胞内，在植物细胞内寄生，借助寄主的营养维持其生长，如病毒、植

原体等；三是病原物在植物细胞间和细胞内同时生长，如多数真菌菌丝既可以在细胞间生长，又可穿透细胞壁在细胞内生长。病原细菌大多在寄主细胞外生存、繁殖，有些也可进入寄主细胞内。各类病原物在寄主体内的扩展基本上可以归为两类：一类是病原物侵入后扩展的范围局限于侵入点附近，这种侵染称为局部侵染，所形成的病害称为局部病害，如斑点病、腐烂病等。另一类是病原物可以从侵入点扩展到寄主大部分或全株，这种侵染称为系统侵染，所引起的病害称为系统病害。病原物的系统侵染还可分3种情况：

A. 沿导管蔓延。某些病菌从伤口侵入穿透皮层细胞进入导管，沿导管蔓延，如树木枯萎病的病原菌为半知菌亚门大丽轮枝孢和尖孢镰孢等土壤习居性真菌，通过土壤传播，从寄主植物根部侵染进入植物体，沿导管扩散至植物各个部分，导致植物水分、矿物质等吸收、运输出现障碍，从而使寄主植物枯萎、衰弱，甚至死亡；又如苹果树银叶病的病原菌为担子菌亚门紫韧革菌、银叶菌，以菌丝体在病枝干的木质部内或以子实体在树皮处越冬，子实体形成后则在紫褐色的子实体层上产生白霜状担孢子，担孢子陆续成熟，在春季和秋季随风雨传播，通过伤口侵入，在木质部定殖，然后沿导管上下蔓延，树体感病后需要1～2年才会出现症状，发病后，重病树1～2年死亡，轻病树可活10多年，部分病树还可自行恢复健康。

B. 沿筛管蔓延。如枣疯病、泡桐丛枝病、竹丛枝病、龙眼丛枝病、桑萎缩病等植物丛枝病，是木本植物特有的一类病害，发生在多种针、阔叶树种和竹类上，多由植原体所致，病害由个别枝条开始，逐渐扩及全株，枝条受害后，因顶芽生长受到抑制而刺激侧芽提前萌发成的小枝，不仅生长缓慢，且其顶芽不久也受到病原物的抑制，而刺激其侧芽再萌发成小枝。植原体是一类没有细胞壁，在外界环境中很难生存，必须借助植物活体传播，不能人工培养，存在于植物筛管内的专性寄生菌。世界各地已报道植原体可引起1000余种各类植物系统性病害，涵盖农作物、花卉、果树和林木等，该病害传播性强、症状明显、危害较大，可不同程度引起植物生长发育异常或变异，甚至造成植株死亡。虽然植原体很容易被高温、四环素类抗生素等灭杀，但是它一旦侵入植物以后，就会进入植物传输动脉筛管中，随植物体液不断移动，从而分散到植物体的各个地方，同时随虫害和寄生植物向外传染，因而很难杀净，这类病害复发性也很强，极难根治。

C. 沿生长点蔓延。许多维管束病害和绝大多数病毒病害及植原体病害都是系统病害，如棉花黄萎病、番茄青枯病、烟草花叶病和枣疯病等。有的病原物侵入后在寄主体内潜伏，寄主并不立即表现症状，而是在一定条件下或在寄主不同发育阶段才表现症状，这种现象称为潜伏侵染，如苹果轮纹病、苹果炭疽病等。有的病原物侵染后使寄主表现症状，但在某些条件如低温或高温下，症状可以暂时隐蔽，当条件适宜又可重新出现，这种现象称为症状隐蔽，如棉花黄萎病出现症状后，在棉株现蕾遇高温时症状隐蔽，以后温度降低时又可再表现。在侵染过程中，病原物随机传播到寄主植物上，同一侵染位点可同时或先后遭受不止一种病原物的侵染，并常常表现几种病原物混合寄生的复杂症状，这种侵染称为复合侵染。潜育期的长短随病害类型、温度、寄主植物特性、病原物的致病性不同而不同。病害潜育期一般 3～10 天，但有些病害潜育期很长，如小麦散黑穗病潜育期近一年；有些病害潜育期较短，如水稻纹枯病潜育期仅 1～2 天。一般来讲，局部病害的潜育期短，致病性强的病原物所致病害的潜育期短，适宜温度条件下病害的潜育期短，感病植物上病害的潜育期短。同一种病害潜育期的长短主要受温度影响，而受湿度影响较小。例如，稻瘟病在最适温度 25～28 ℃时，潜育期为 4.5 天；24～25 ℃时为 5.5 天；17～18 ℃时为 8 天；9～11 ℃时为 13～18 天。潜育期的长短与病害流行有密切的关系。病害潜育期短，发病快，一个生长季节中病害循环次数多，容易大发生。

④ 发病期。是指从寄主出现症状到生长期结束或植株死亡为止的一段时间。患病植物症状的出现标志着潜育期的结束和发病期的开始。发病期是病斑不断扩展和病原物大量产生繁殖体的时期。

随着症状的发展，真菌病害往往在受害部位产生孢子，称为产孢期。病原物新产生的繁殖体可成为再侵染的来源。不同真菌形成孢子的时间不同，有的真菌在潜育期刚结束时便产生孢子，但大多数真菌则在发病后期或在死亡组织上产生孢子，其有性孢子形成更迟些。在发病期，寄主植物也表现出某种反应，如阻碍病斑发展，抑制病原物繁殖体产生和加强自身代谢补偿等。环境条件特别是温湿度对症状出现后病斑的扩大和病原物繁殖体的形成影响很大。多数病原真菌产生孢子的最适温度为 25 ℃左右，低于 10 ℃孢子难以形成。多数病原真菌和细菌要求较大的湿度。在高湿度下病害扩展速度快并在病部产生大量繁殖体，造成病害流行。

（2）病害的发生条件　植物病害发生的环境条件包括自然环境条件和栽培环境条件两个方面。

①自然环境条件。主要有温度、湿度、辐射、土壤、光照等物理条件，水分、氧气、二氧化碳、矿物质、有机物、酸碱度等化学条件，抗菌、交互保护、共生、捕食等生物条件。

②栽培环境条件。是由人们的耕作和栽培，以及各种其他有关甚至无关的行为而造成的，例如施肥、排灌水、中耕除草、修剪、喷洒农药，以及工厂排出废气、废液等。

8. 植物病害的防治

（1）植物病害的防治原则　植物病害防治应该坚持以下原则：

①控制病原物。消灭病原物或抑制病原物的发生与蔓延。

②提高寄主植物的抗病能力。加强寄主植物的土肥水管理，培养健壮树体，增强树体对病害的抗性。

③控制或改造环境条件。使环境条件有利于寄主植物而不利于病原物，抑制病害的发生和发展。

④群体预防为主。一般着重于植物群体的预防，因地因时根据植物病害的发生、发展规律，采取综合防治措施。

⑤发挥农业生态体系中的有利因素。每项措施要能充分发挥农业生态体系中的有利因素，避免不利因素，避免公害和人畜中毒。

⑥ 获取最大的经济效益。使病害压低到经济允许水平之下，以获得最大的经济效益。

（2）植物病害的防治方法　植物病害的防治方法有植物检疫、抗病育种、农业防治、化学防治、物理和机械防治、生物防治等。

① 植物检疫。是通过法律、行政和技术的手段，防止危险性植物病、虫、草和其他有害生物的人为传播，保障农林业的安全，促进贸易发展的措施。加强植物检疫，防止病原物随种子、苗木和包装材料等从病区向无病区传播，特别要防止从国外输入危险性病原物。

② 抗病育种。抗病育种与一般育种相同，也可运用选择育种、杂交育种、回交转育等方法。

A. 选择育种。用选择育种法选育抗病品种，必须在加强病原菌的选择压力下才有效果。简单地说，即在经常严重发病的地区或病害严重流行的年份，才有较好的选择效果。

B. 杂交育种。近代抗病育种，仍然大都是针对专化性抗性进行的。一般说来，专化性抗性大都为主基因控制的显性遗传，抗病对感病是显性。但也有某些亲本的抗病性是隐性遗传的。F_1 代感病，F_2 代也可能分离出抗病植株。因此，在 F_1 代不能只凭抗病性淘汰。一般 F_2 代至 F_4 代为集团种植，到 F_5 代进行株系选育，从 F_6 代开始进行抗性鉴定，直到育成新品种。

积累抗病基因是抗病育种的主要方法。例如，用品种 1 与品种 2 杂交育成抗某个病害的品种 3；用品种 4 和品种 5 杂交育成抗另一个病害的品种 6；如果用品种 3 和品种 6 杂交育成抗两个病害的品种 7；此后再以品种 7 与品种 8 杂交育成抗性与经济性状更进一步提高的抗病品种 9。

此外，由于抗病亲本的抗性遗传性不同，如遗传传递力有强弱，抗性基因对数也不同，以及病菌的变化等，杂交后代分离的情况比较复杂，而且抗病性往往与丰产性有矛盾，所以杂交规模与后代群体必须适当加大，才能培育出抗病良种。根据抗病育种经验，在亲本选配上至少要有一个遗传传递力较强的抗病亲本，其组合方式必须是抗病与丰产相结合，并在杂交后代中注意选拔中间材料，加以改进利用。各代选择必须突出重点，抓住主要性状，进行严格的抗性与丰产性鉴定。

C. 回交转育。垂直抗性多数属简单遗传，可用回交转育法将抗病基因转入新品种中。

a. 品种优良但不抗病。如果一个品种或品系主要性状优良，但不抗病，可用回交法转入抗病基因，保持原品种的其他优良性状。

b. 品种抗病但不优良。如果一个品种抗病性很好，但有其他不良性状，可以利用种间或属间杂交创造新抗源，再采用渗入回交法，把抗病基因导入新品种中，而排除其他不良性状的干扰。在回交法中，所用抗病亲本遗传性简单而且是显性的，效果较好。如果抗病性遗传基础复杂，回交代数增多，则抗病性会有减弱趋势。

但回交法也有一定的缺点，它只能得到与轮回亲本相似的农艺性状，不易进一步提高，除增强转育的抗性外，不能增强亲本以外的抗性。因此，一般回交 1～2 代后就要改用其他选择方法。

③ 农业防治。是为防治植物病害所采取的农业技术措施，可以调节和改善植物生态环境，创造有利于植物生长发育的环境以增强植物对病害的抵抗力，创造不利于病原生物发育或传播的条件，以控制、避免或减轻病害发生危害程度；可以提高抗病、耐病能力，减少病原生物的侵染，降低流行速度。农业防治主要措施有选用抗病品种、调整品种布局、选留健康种苗、轮作、深耕灭茬、调节播种期、合理施肥、及时灌溉排水、适度整枝打杈、搞好田间卫生和安全运输储藏等。

④ 化学防治。是使用化学药剂（杀菌剂）来防治病害的方法。化学防治在病害综合防治中占有重要地位，是迅速控制病原物危害的主要手段。但长期使用性质稳定的化学农药，不仅会增强某些病害的抗药性，降低防治效果，还会污染农产品、空气、土壤和水域，危及人、畜健康与安全。

⑤ 物理和机械防治。是指利用物理因子或机械作用防治植物

病害的方法。物理因子包括光、电、声、温度、放射能、激光、红外线辐射等；机械作用包括人力扑打、使用简单的器具器械装置，直至应用现代化的机具设备等。这类防治方法可用于植物病害大量发生之前，或作为植物病害已经大量发生危害时的急救措施。

⑥ 生物防治。是利用一种或多种生物（包括寄主植物）来减少病原生物数量或病害发生发展而实现病害防治的方法。植物病害生物防治大致可以分为利用天敌治病、利用生物农药治病和培育抗病品种三大类。它利用了生物物种间的相互关系，以一种或一类生物抑制另一种或另一类生物。它的最大优点是不污染环境，是化学农药等非生物防治病害方法所不能比的。

A. 利用天敌治病。利用天敌防治植物病害的方法，应用最为普遍。每种病原生物都有一种或几种天敌能有效地抑制其大量发生。这种抑制作用是生态系统反馈机制的重要组成部分。利用这一生态学现象，可以建立新的生物种群之间的平衡关系。比如引入天敌微生物（活菌剂）防治植物病害。

B. 利用生物农药治病。生物农药包括植物源、动物源、微生物源的生物农药，是直接利用生物产生的活性物质或生物活体杀灭病原生物防治植物病害。

C. 培育抗病品种。即通过转基因植物生产、工程菌株转化等方法培育具有抗性的植物品种防治病害。

（二）荣昌无刺花椒病害防治技术

1. 花椒锈病

（1）**分布与危害** 花椒锈病为普发性病害，又称花椒鞘锈病、花椒粉锈病，广泛分布在重庆、陕西、四川、河北、甘肃等花椒产区。据初步观察，目前荣昌无刺花椒对花椒锈病具有较强抗性，但还需进一步观察，一旦发现花椒锈病危害就要及时防治。

（2）**症状** 花椒锈病由花椒鞘锈菌（*Coleosporium zanthoxyli*）侵染所致，病原属担子菌亚门锈菌目栅锈菌科鞘锈菌属。花椒鞘锈菌主要危害花椒幼苗和成年花椒树的叶片，偶尔也危害叶柄，严重时花椒提早落叶，直接影响第二年的花椒挂果。发病初期，在叶片正面出现直径为 2～3 毫米的水渍状褪绿斑，与病斑相对应的叶背面出现圆形黄褐色的疱状物——夏孢子堆。在较大的夏孢子堆周围往往出现许多小的夏孢子堆，排列成环状或散生。这些疱状物破裂后释放出橘黄色粉状夏孢子。发病后期在叶片正面，褪绿斑发展成为 3～6 毫米深褐色坏死斑。叶背夏孢子堆基部产生褐色或橘红色蜡质冬孢子堆，突起不破裂，呈圆形或长圆形，排列成环状或散生。发病严重时，叶柄上也出现夏孢子堆及冬孢子堆。

(3) 发病规律 花椒锈病流行年份发病率可达 50%～100%，一般于 4 月中旬至 6 月上旬开始发病，7 月下旬至 10 月上旬为发病盛期，可造成花椒树叶在采果后不久便大量脱落。在降水多，特别是秋季降水量大、降水频繁的情况下，容易流行花椒锈病。病害多从树冠下部叶片发生，并由下向上蔓延，花椒果实成熟前病叶大量脱落，至 10 月上旬病叶已全部落光，从而使花椒树再次萌发新叶，造成徒长，影响当年花椒树营养的积累，同时也因再次生叶使养分过度消耗，直接导致第二年花椒树结果少或不结果，使减产幅度高达 40%，并直接影响花椒果实的质量。病菌可通过气流传播。气候适宜时，病菌繁殖速度增快，再侵染频繁。花椒锈病的发生与花椒园所处地势环境有关，阳坡较阴坡发病轻，九叶青花椒发病最重，荣昌无刺花椒较抗病。此外，如果在花椒树行间种植高秆作物，因通风透光不良，可加重花椒锈病的发病。

(4) 防治方法

① 人工防治。

A. 采用野生竹叶花椒砧木嫁接荣昌无刺花椒培养抗病品种。

B. 加强抚育管理，及时松土除草、施肥，注意防涝排水，合理密植、科学修剪，以提高花椒树自身的抗病能力。

C. 彻底清园。花椒落叶之后，及时清除杂草，清扫病枝、枯枝、落叶，集中烧毁或深埋，彻底清除和消灭越冬菌源，减少侵染源。

② 药剂防治。

A. 在花椒修剪后及时选用 70％丙森锌可湿性粉剂 25 克兑水 15 千克喷雾 1 次。

B. 6 月初至 7 月下旬，用 25％丙环唑乳油 1 000～1 500 倍液、15％三唑酮可湿性粉剂 800～1 200 倍液、12.5％烯唑醇可湿性粉剂 600～800 倍液，或 20％三唑酮乳油 1 500～2 000 倍液，每隔 15～20 天喷施 1 次，连喷 2～3 次。

C. 秋季落叶后或第二年春季萌芽前喷洒 1 次 1∶2∶600 的波尔多液（硫酸铜 500 克，石灰 1 000 克，水 300 千克），能杀死树体上寄生的病菌并防止病菌晚秋、早春入侵，预防病菌的侵染和蔓延。

D. 在发病前期或初期可选用 43％戊唑醇悬浮剂 6 毫升，或 75％肟菌·戊唑醇水分散粒剂 5 克，兑水 15 千克喷雾，隔 20 天喷 1 次，连续喷雾 3～4 次。

2. 花椒炭疽病

（1）分布与危害 花椒炭疽病，俗称花椒黑果病，主要分布于甘肃、陕西、山西、河北、河南、四川、安徽、江苏、浙江、云南、贵州、重庆等花椒产区。主要危害花椒果实、叶片、嫩梢。

（2）症状 发病初期，果实表面呈不规则的褐色小斑点，随着病情的不断发展，病斑变成圆形或近圆形，中央凹陷，深褐色或黑色；在叶片上形成不规则的圆形，黄褐色，边缘深褐色。天气干燥时，病斑中央呈灰色或灰白色，且有许多排列成轮纹状的黑色或褐色小点；如遇到高温阴雨天气，病斑上的小黑点呈现粉红色小突起。病害可由果实向新梢、嫩叶上扩展。在阴雨低湿的天气发病最为严重，容易造成叶片和果实脱落，一般能够导致花椒减产 5％～20％，严重时减产甚至高达 40％以上。

（3）发病规律 病菌以菌丝体或分生孢子在病果、病叶及枝条上越冬。第二年 5 月初在温湿度适宜时产生孢子，借风雨和昆虫传播，引发病害。能发生多次侵染。每年 5 月下旬至 6 月上旬开始发病，7～8 月为发病高峰。在花椒园树势衰弱、通风透光性差、高温高湿条件下病害易发生流行。

（4）防治方法

① 人工防治。

A. 加强花椒园管理，进行深耕翻土，防止偏施氮肥，采用配方施肥技术，降水后及时排水，促进花椒树生长发育，增强抗病力。

B. 及时清除病残体，集中烧毁，减少病源。

C. 通过修剪花椒树改善花椒园通风透光条件，减轻病害发生。

② 药剂防治。

A. 冬季结合清洁花椒园，喷施 1 次 3～5 波美度石硫合剂或 45％晶体石硫合剂 100～150 倍液，同时兼治其他病虫害。

B. 春季嫩叶期、幼果期及秋梢期，各喷 1 次 15％晶体石硫合剂 180～200 倍液、80％炭疽福美可湿性粉剂 800 倍液、50％除雷百利可湿性粉剂 800 倍液或 50％倍得利可湿性粉剂 800 倍液。

C. 在发病初期，选用 75％肟菌·戊唑醇水分散粒剂 5 克，或 43％戊唑醇悬浮剂 6 毫升，或 57％施保功可湿性粉剂 10 克，兑水 15 千克喷雾防治，连续喷雾 2～3 次。

3. 花椒叶斑病

（1）分布与危害 花椒叶斑病是花椒的重要病害之一，分布地域比较广，广泛分布在重庆、陕西、四川、河北、甘肃等省份的花椒栽培区，主要危害花椒叶片，常引起花椒叶片提前脱落。

（2）症状 花椒叶斑病发病初期，被害叶片表面出现点状失绿斑，以后病斑逐渐变成灰色至灰褐色小圆斑。随着病斑扩大，直至叶片呈褐色或黑色，后期病斑上有不明显的小黑点。

（3）发病规律 花椒叶斑病多发生在每年的 6 月中下旬，7～9 月是叶斑病盛发期。该病是借风雨传播到新叶上发病，从而引起花椒提前落叶导致减产。

（4）防治方法

① 加强花椒园管理。秋末冬初在发病花椒园中清除落叶并集中烧毁或深埋，冬季修剪时剪除病枝和枯枝，早春花椒园进行翻

耕，将落叶翻压到土下。

② 化学防治。一是在发生初期，选用 43％戊唑醇悬浮剂 6 毫升或 75％肟菌·戊唑醇水分散粒剂 5 克，兑水 15 千克喷雾防治，连续喷雾 2～3 次。二是在发病盛期喷 1：1：200 的波尔多液或用 65％代森锰锌可湿性粉剂 400 倍液，每 7～10 天喷 1 次，连续喷 2～3 次。

4. 花椒脚腐病（流胶病）

（1）分布与危害 花椒脚腐病主要分布于陕西、甘肃两省的花椒产区，其他花椒栽培区也有少量发生。主要危害花椒树根部或树干基部，严重时也危害树冠上的枝条。

（2）症状 花椒脚腐病是指由于蚂蚁或其他害虫危害或生理性病害造成花椒树根部腐烂形成的病害。病斑多始发于土层上下 10 厘米的花椒树根颈部，病部皮层变褐色，树干基部腐烂而病皮凹陷，有酒糟臭味道，潮湿时常有胶质流出，病斑呈黑色，长椭圆或圆形，剥开病皮可见白色菌丝体布于病变组织中，在干燥情况下病组织开裂变硬，有裂口数条。后期病斑干缩、龟裂，并出现许多橘红色小点，部分生孢子座。病斑上常有黑色颗粒产生，为子囊壳。大型病斑可长 5～8 厘米，往往会造成根部腐烂，使根部吸收水分和养分的功能逐渐减弱，最后全株死亡，主要表现为整株叶片发黄、枯萎。

（3）发病规律 病菌以菌丝体和繁殖体在病部越冬。翌年 5 月初气温升高时，老病斑恢复侵染能力，在 6～7 月产生分生孢子，借风雨传播，并通过伤口入侵。病害的发生发展可持续到 10 月，当气温下降时病害停止蔓延。病害发生程度与品种、树龄及立地条件有关，荣昌无刺花椒比其他花椒品种抗病，幼树比老树发病轻，阴坡比阳坡花椒发病也轻。在自然条件下，凡是被吉丁虫危害的花椒树，大都有脚腐病发生。

（4）防治方法

① 人工防治。

A. 加强植物检疫。调运花椒苗木时，一定要做好该病的检疫工作，有病苗木严禁调往外地，以防传播蔓延；避免从病区调入苗木，使病害传入。

B. 加强栽培管理。改变花椒园传统粗放的经营方式，加强肥水管理，及时修剪、清除带病枝条，集中销毁处理。

② 药剂防治。

A. 在花椒吉丁虫发生初期，用 40%氧化乐果乳油 5 倍液加 1∶1 柴油，喷施树干治虫，间隔数日再喷 1 次 50%甲基托布津可湿性粉剂 500 倍液，治虫防病效果较好。

B. 发病初期将病斑刮净。并刮至木质部，选用 20%噻唑锌悬浮剂 40 毫升，或 20%噻唑锌悬浮剂 40 毫升＋70%甲基托布津可湿性粉剂 25 克，或 30%根府咛 25 克，兑水 10～15 千克，涂抹或灌根防治。

5. 花椒烟煤病

（1）分布与危害 多分布于甘肃、陕西等花椒主产区，主要危害叶片、幼果和嫩梢。

（2）症状 发病初期，叶片、果实、枝梢的表面出现椭圆形或不规则的黑褐霉斑。随着病菌的繁殖、扩散，霉斑逐渐扩大，形成黑褐色的霉层。霉层覆盖叶面，使叶片光合作用受阻，影响光合产物的形成，造成树体早期落叶、落果和枯梢。

（3）发病规律 花椒烟煤病也叫花椒煤污病，以蚜虫、介壳虫等害虫的分泌物为营养，属蚜虫、介壳虫防治不力的转主次生的真菌性病害。凡前期蚜虫和介壳虫发生危害严重的花椒园，有利于此病侵害流行。此病以菌丝体、分生孢子器和闭囊壳等在病部越冬，翌年 6 月下旬在温湿度适宜的条件下，一般 25 ℃以上的高温天气时一旦遇到降水就会繁殖出孢子，并借风雨传播至寄主（花椒树）上，以蚜虫等害虫的分泌物为营养，生长繁殖，并辗转传播侵染危害。叶片、枝梢、果实受害，其表面产生一层暗褐色至黑褐色霉层，以后霉层增厚成为煤烟状，故称烟煤病。

（4）防治方法

① 农业防治。合理修剪，保持园内通风透光，抑制病菌的生长、蔓延。同时防止枝条过软，结果后下垂拖地，因湿度过大诱发烟煤病。

② 预防为本。前期采用氟啶·吡虫啉等长效杀蚜剂，及时防治蚜虫、介壳虫等刺吸式口器的害虫，消除病菌营养来源，抑制病害发展，这是预防烟煤病的根本措施。

③ 化学药剂防治。发病初期，选用 70％丙森锌可湿性粉剂25～30 克＋70％吡虫啉水分散粒剂 3 克，兑水 15 千克喷雾防治，连续喷雾 2～3 次；或用过氧乙酸 2 瓶（A 液 500 毫升＋B 液 500 毫升）＋水200 千克，采用上喷下洗的喷淋方式清除病菌与黑色霉层。

6. 花椒干腐病

（1）分布与危害　花椒干腐病主要分布于陕西、甘肃两省的花椒产区，其他花椒栽培区也有少量发生。主要危害花椒树干或树干基部，严重时也危害树冠上的枝条。

（2）症状　发病初期，受害部位表皮呈红褐色。随病斑的扩大，呈湿腐状，病皮凹陷，并有流胶出现，病斑变成黑色。

（3）发病规律　5 月初因气温升高时，老病斑扩展，于6～7月多次产生分生孢子，借风雨、昆虫传播。病菌只能从伤口侵入。在侵入部位开始发病。

（4）防治方法

① 注意防治蛀干害虫，谨防树皮破伤，减少病虫侵入口。

② 对发病较轻的大枝干上的病斑，用快刀刮去病斑树皮，并在伤口处涂抹 20％噻唑锌悬浮剂 500 倍液＋50％甲基托布津可湿性粉剂 500 倍液，或刮除病斑后在伤口处涂抹托福油膏或治腐灵。

7. 花椒枝枯病

（1）分布与危害　花椒枝枯病又叫花椒枯萎病。在陕西、甘肃、宁夏、山西等省部分地方均有发生，一般植株发病率为10％～30％，枝条被害率为 5％～15％。

（2）症状　在感病树体上，病斑常位于大枝基部，小枝分叉处或幼树主干上。发病初期病斑不明显，随着病情的进一步发展，病斑表皮呈深褐色，边缘黄褐色，椭圆形，以后扩大为长条形。当病斑环绕枝干一周时，则引起上部枝条枯萎，后期干缩枯死。

（3）发病规律　秋季病斑上着生黑色小突起，即病菌的分生孢子器，突破表皮而外露。病菌以分生孢子器或菌丝体在病组织内越冬。第二年春季产生分生孢子进行初侵染。在高温条件下，尤其在降水或灌溉后，侵入的病菌释放出孢子进行再侵染。分生孢子借风雨和昆虫传播，随雨水沿枝下流，使枝干被侵染而病斑增多，从而导致干枯。管理不善造成树势衰弱或枝条失水收缩、冬季低温冻伤、地势低洼、土壤黏重、排水不良、通风透光不好的花椒园，都容易诱发此病的发生。

（4）防治方法

① 人工防治。加强花椒园管理，增强树势。合理修剪，避免花椒树受伤，防止冻害。结合夏季管理剪除病枝，集中烧毁。

② 化学防治。一是对不能剪除的大枝或枝干上的病斑，或初期产生的病斑，要尽早刮除，刮后用20%噻唑锌悬浮剂300倍液或1%硫酸铜液或1%抗菌剂（401）液对伤口进行消毒；二是对发病较重的花椒园，在早春向树体喷1∶1∶100的波尔多液进行防治，还可在病斑处涂10%碱水；三是初冬用生石灰2.5千克＋食盐1.25千克＋硫黄粉0.75千克＋水胶0.1千克＋水20千克配成涂白剂，进行树干涂白，可以有效预防花椒枝枯病。

8. 花椒黑胫病

（1）分布与危害 花椒黑胫病在甘肃、陕西、四川、重庆等省份花椒产区都有发生，陇南地区尤为严重，是一种毁灭性病害。主要危害花椒树根茎部。

（2）症状 在病部出现浅褐色水渍状斑，病斑微凹陷，表皮由褐变黑，先有黄褐色胶汁流出，病重时表皮开裂后有黑褐色胶汁溢出。病菌从根茎部伤口或皮孔侵入而发病。病斑环切根茎部后导致水分和营养输送不良，枝叶萎蔫，最后全株枯死。

（3）发病规律 花椒黑胫病菌3～11月都可侵染。入侵后病情发展速度的快慢主要由气温高低决定，一般5月中下旬开始发病，7月上中旬气温增高，是发病高峰期，7月下旬后发病减慢，8月中下旬后病株不再增长。在15～25℃气温下，气温越高，病斑扩展速度越快。一般病斑的扩展速度，随季节变动为1～8.2厘米/旬，植株感病至整株死亡为 30～60 天。

花椒黑胫病的发病程度与栽培品种和生态环境及管理水平密切相关。大红袍花椒最容易感病，荣昌无刺花椒目前还没有发现此病发生，但也应该注意。一般水浇地或雨水多的地区发病都较重。传播媒介是昆虫和雨水，花椒天牛、吉丁虫、瘿蚊的危害可加重发生此病蔓延。

（4）防治方法

① 人工防治。一是采用高抗或耐病品种做砧木，优良无刺花椒品种做接穗，高位嫁接防病；二是对感病花椒，在秋季落叶后，将根部及周围 1 米内的表层土移掉，深度以见根为宜，然后铺上 2～3 厘米厚的掺有少量石灰粉的大粪及污泥，浇水后再覆盖一层新土并踏实，这样既可杀菌，又有利于花椒树生长，改变花椒大小年结果现象，增强花椒树体抗菌抗病能力。

② 药剂防治。一是及时做好天牛、吉丁虫、瘿蚊等虫害防治，保护和增强树势，减少病菌侵染，这对减轻花椒黑胫病的发生有很好的效果；二是药剂保护，可以用 50％琥铜·甲霜灵可湿性粉剂 200 倍液灌根两次防效达 100％，用 40％乙膦铝可湿性粉剂或 70％代森锰锌可湿性粉剂 200 倍液灌根及用 40％增效氧化乐果乳油 500 倍液、50％甲基托布津可湿性粉剂 500 倍液先后喷干效果也很好，冬季彻底刮除病斑后用石硫合剂或波尔多液涂抹效果也较佳；三是对感病花椒苗，定植前选用 20％噻唑锌悬浮剂 500 倍液，或 72％农用链霉素浸根茎后再定植；四是对已定植好的大小花椒树，分别在 3 月初和 6 月初进行预防，选用 20％噻唑锌悬浮剂 500 倍液灌根各一次，然后覆土。

9. 花椒枯梢病

（1）分布与危害　花椒枯梢病又称花椒梢枯病，俗称花椒枝梢枯死病。主要分布于陕西、山西、宁夏、甘肃、四川、重庆等花椒产区，主要危害花椒小枝和嫩梢。

（2）症状　花椒枯梢病主要危害花椒的当年生小枝嫩梢。初期病斑不明显但嫩梢有失水萎蔫症状；后期嫩梢枯死、直立，小枝上产生灰褐色的长形病斑，病斑上生有许多黑色小点，略突出表皮，黑色小点位于分生孢子器内。

（3）发病规律　病菌 11 月以菌丝体和分生孢子器在病残组织中越冬，第二年春季病斑上的分生孢子器产生孢子并借风雨、昆虫进行传播。6 月下旬开始发病，7～8 月为发病盛期，在一年之中，病原菌可多次侵染危害。在雨水较多年份发病严重，树势衰弱、排水不良、偏施氮肥等均有利于病害的发生。

（4）防治方法

① 人工防治。加强花椒树栽培管理，增施有机肥、增强树势，及时灌水、排水，合理修剪，保证通风透光，可减轻病害发生。结合花椒树管理，一旦发现有枯梢、病梢，应及时剪除，集中烧毁，以减少病源。

② 药剂防治。发病初期，可用 65％代森锌可湿性粉剂 400 倍液，或 70％甲基托布津可湿性粉剂 800～1 000 倍液，或 45％代森铵水剂 700 倍液，或 50％代森锰锌可湿性粉剂 600～700 倍液均匀喷雾。发病盛期再喷施1～2次，可达到良好的防治效果。

（三）荣昌无刺花椒害虫基本知识

1. 昆虫基本知识

（1）昆虫的外部形态

① 昆虫的头部。昆虫成虫的体躯分为头、胸、腹 3 个体段。

昆虫的头部是一个坚硬的半球形头壳，表面有许多沟缝，将头壳分成许多小区。头壳的上面称头顶，后面称后头，前面称额，两侧称颊，额的下面是唇基。

A. 昆虫头的形式。昆虫头部根据口器着生位置，可分为下口式、前口式、后口式 3 种头式。

下口式：口器向下，头部的纵轴与体躯的纵轴几乎成直角。

前口式：口器向前，头部的纵轴与体躯的纵轴差不多平行。

后口式：口器向后，头部的纵轴与体躯的纵轴成锐角。

B. 昆虫头部的附器。主要有触角和口器。

触角：具有嗅觉、触觉、听觉的功能。包括柄节、梗节、鞭节三节，鞭节由许多亚节组成，其数目和形状变化最大。触角类型有刚毛状、线状或丝状、念珠状、锯齿状、鳃叶状、具芒状等。

口器：昆虫口器的基本结构由上唇、上颚、下颚、下唇及舌5个部分组成。对农业生产危害较大的是咀嚼式与刺吸式两类口器。

咀嚼式口器由上唇、上颚、下颚、下唇及舌5部分组成。这类口器的害虫，都能给作物受害部位造成破损，危害很大。

刺吸式口器的上唇很短，呈三角形小片，下唇长而粗，延长成喙，喙的前面有一个槽，里面藏着由上颚、下颚特化成的细长口针，4根口针相互嵌接组成食物道和唾液道。刺吸式口器能刺入植物的组织内吸取血液及细胞汁液，危害植物后，在危害部位形成斑点，引起畸形，如卷叶、虫瘿、瘤等。还能传播植物病毒病。

其他类型口器有蝶蛾的虹吸式口器、蝇类的舐吸式口器、蓟马的锉吸式口器等。

② 昆虫的胸部。

A. 胸部的基本结构。由三节组成，依次称为前胸、中胸和后胸。每个胸节下方各着生一对胸足，相应的称为前足、中足、后足；中胸和后胸背面两侧各有一对翅，依次称为前翅、后翅。足和翅是昆虫的主要运动器官，所以胸部是昆虫的运动中心。胸部的每一个胸节都是由4块骨板构成，背面的称背板，左右两侧称侧板，腹面的称腹板。

B. 胸足。由基节、转节、腿节、胫节、跗节及爪六部分组成。胸足的主要类型有步行足、跳跃足、捕捉足、开掘足、游泳足、抱握足及携粉足等。

C. 翅。一般呈三角形。前面的一边称前缘，后面的一边称后缘，两者之间的一边称边缘（或外缘）；前缘与胸部之间的角为肩角（或基角），前缘与外缘之间的角称为顶角，外缘与后缘之间的角称为臀角。昆虫的翅一般为膜质，具有很多起着骨架作用的翅脉。

翅脉分为纵脉和横脉两类。纵脉是从翅基部伸到边缘的翅脉。

横脉是横列在两纵脉之间的短脉。翅脉的排列状况称为脉序。

翅的常见类型主要有膜翅、复翅、鞘翅、半鞘翅、鳞翅、毛翅、缨翅等。

③ 昆虫的腹部。

A. 腹部的基本结构。近末端有肛门和外生殖器，腹部内有大部分内脏器官。是昆虫的内脏活动和生殖中心。一般由9~11节组成，第一腹节至第八腹节的两侧常具有一对气门。每一腹节均具背板、腹板和两侧膜质的侧膜，节与节之间有节间膜相连。

B. 尾须。一对须状的结构，是第 11 节的附肢，有感觉的功能。

C. 外生殖器。雄性为交配器，一般由一管状的阳具和一对钳状的抱握器组成。雌性为产卵器，由 2~3 对瓣状结构组成。

④ 昆虫的体壁。

A. 体壁的功能。支撑身体，着生肌肉；防止体内水分过度蒸发，调节体温；防止外部水分、微生物及其他有毒物质的侵入；接受外界刺激，分泌各种化合物，调节昆虫的行为。

B. 体壁的结构。由内向外为底膜、真皮层、表皮。表皮由内向外又分为内表皮、外表皮。外表皮由内向外再分为角质精层、蜡层、护蜡层、上表皮。

C. 体壁的衍生物。一是外长物，主要有刚毛、毒毛、刺、距、鳞片等。二是内陷物，主要有唾腺、丝腺、毒腺等向内生长的腺体。

2. 螨类

螨类指的是节肢动物门蛛形纲蜱螨亚纲害虫，有 200 个科，常见的害螨多属于真螨目和蜱螨目，是危害多种农作物和森林植物的重要害虫之一，还有几种是人畜的体外寄生虫，能产生毒性，引起强烈的皮肤疹状、鼻炎、肺炎等变态反应。螨类在中国主要分布于华南地区、华中地区、东北及华北地区等。还分布在同纬度经济作物区。危害植物主要有果树、蔬菜、小麦、棉花、玉米、花卉、豆类及多种杂草和各类森林植物。危害植物的茎、叶、花等，刺吸植物的茎、叶，初期叶正面有大量针尖大小失绿的黄褐色小点，后期叶片从下往上大量失绿卷缩脱落，造成大量落叶。有时从植株中部叶片开始发生，叶片逐渐变黄，不早落。

螨类通称红蜘蛛。很多植食螨类吸食叶片的汁液，危害农作物，如棉红蜘蛛、麦红蜘蛛、果树红蜘蛛。有些危害储存粮食，有些危害养蜂业，有些则吸食人畜血液引起呼吸、皮肤和胃肠道过敏反应，还有些寄生于有害的螨类或昆虫身上，是有益螨类，如植绥螨、镰鳌螨等。

螨类身体通常呈圆形或椭圆形。不分段、不分节，一般分为前半体与后半体两个部分，前半体包括颚体和前足体，后半体包括后足体和末体，后足体和末体又统称躯体。绝大多数害螨有 4 对足，少数有 2～3 对足，如叶瘿螨和少数叶螨。螨类的足由基节、转节、股节、膝节、胫节和跗节（但不分亚节）等 6 节构成，有的螨还具有 1～2 个爪。螨类的个体发育变态分卵、幼螨、第一若螨、第二若螨、成螨等 5 个阶段。幼螨只有 3 对足，若螨和成螨有 4 对足。若螨比成螨个体小，腹面毛少，无生殖孔。雄螨比雌螨小，且身体末端尖削，从背面看呈菱形。

大多数害螨喜温暖、潮湿环境，常潜伏在谷仓、饲料仓、禽畜舍、米糠、麸皮、棉籽壳中。螨类的繁殖力极强，一年最少 2～3 代，多的达 20～30 代。

3. 蜗牛

蜗牛为无脊椎动物，是软体动物门腹足纲肺螺亚纲蜗牛科的所有陆生种类的总称。在热带岛屿比较常见，但也见于寒冷地区。世界各地有蜗牛约 4 万种，常见的有 25 000 多种，我国有数千种，分布在各省份，生活在阴暗潮湿地区。蜗牛取食植物，产卵于土中或者树上。树栖种类的色泽鲜艳，地栖的种类通常有与所处地方土壤接近的颜色，且一般有条纹。

蜗牛的整个躯体包括眼、口、足、壳、触角等部分，身背有螺旋形的贝壳，其形状、颜色、大小不一，它们的贝壳有宝塔形、陀螺形、圆锥形、球形、烟斗形等。蜗牛的眼睛长在头部的后一对触

角上。头部显著，具有触角 2 对，大的 1 对顶端有眼。头的腹面有口，口内具有齿舌，可用以刮取食物。头有 4 个触角，走动时头伸出，受惊时则头尾一起缩进贝壳中。蜗牛身上有唾液，能制约蜈蚣、蝎子。蜗牛拥有数万颗牙齿但并不是"立体牙"，无法咀嚼食物。蜗牛的外套膜常在足部或内脏团间，形成 1 个与外界相通的空腔，称为"外套膜腔"。蜗牛的外套膜腔会在壳口处形成 1 个开口，称为"呼吸孔"，这是气体进出的地方。蜗牛通过靠近呼吸孔的气孔排泄，粪便排在自己的身上，通过腹足和黏液最终将粪便留在地上。

生长环境：蜗牛喜欢在阴暗潮湿、疏松多腐殖质的环境中生活，昼伏夜出，最怕阳光直射，对环境反应敏感。最适合蜗牛生长的环境为气温 16～30 ℃（其中蜗牛生长发育最快的气温为 23～30 ℃），空气湿度 60％～90％，饲养土湿度 40％左右，pH 5～7。当气温低于 15 ℃时或高于 33 ℃时休眠，低于 5 ℃或高于 40 ℃时有可能被冻死或热死。但是各种蜗牛对环境的适应又各有不相同的地方。蜗牛喜欢钻入疏松的腐殖土中栖息、产卵、调节体内湿度和吸取部分养料，时间可长达 12 小时之久。杂食性和偏食性并存。蜗牛虽喜潮湿但怕水淹。在潮湿的夜间，投入湿的食料，蜗牛的食欲活跃；但水淹条件下可使蜗牛窒息。

蜗牛有自食生存性。小蜗牛一孵出，就会爬动和取食，不需要母体照顾。当受到敌害侵扰时，头和足便缩回壳内，并分泌出黏液将壳口封住；当外壳损害致残时，能分泌出某些物质修复肉体和外壳。蜗牛具有惊人的生存能力，对冷、热、饥饿、干旱有很强的忍耐性。蜗牛在爬行时，还会分泌一行黏液，即使走在刀刃上也不会有危险。

蜗牛主要以植物茎、叶、花、果及根为食，是农业害虫之一，也是家畜、家禽某些寄生虫的中间宿主。

4. 害鼠

害鼠是指对农业生产造成危害的鼠类。鼠类属哺乳纲啮齿目动物。共有 1 600 多种。鼠类繁殖次数多，孕期短，产仔率高，性成熟快，数量能在短期内急剧增加。它的适应性很强，除南极大陆外，在世界各地的地面、地下、树上及水中都能生存，平原、高山、森林、草原以至沙漠地区都有其踪迹，常对农业生产酿成巨大灾害。

5. 危害花椒的几类害虫

据西北农林科技大学林学院门甜甜等报道，经过全国各地20多年的调查研究，现已查明我国花椒有各种植食性昆虫135种，其中半翅目13种、同翅目23种、鞘翅目61种、鳞翅目31种、直翅目6种、双翅目1种。按其主要危害类型可分为：

（1）花椒蛀干类害虫 有25种，分别为花椒窄吉丁虫、六星铜吉丁虫、柳干木蠹蛾、咖啡木蠹蛾、芳香木蠹蛾、红缘天牛、桑坡天牛、星天牛、光肩星天牛、橘褐天牛、黄带虎天牛、桃红颈天牛、云斑天牛、二斑黑绒天牛、黑腹筒天牛、日本筒天牛、黄带黑绒天牛、帽斑天牛、家茸天牛、薄翅锯天牛、柑橘绿天牛、白芒锦天牛、花椒虎天牛、六斑虎天牛、花椒长足象。

（2）花椒果实类害虫 有3种，分别为蓝橘潜跳甲、花椒红胫跳甲、铜色花椒跳甲。

（3）花椒叶部害虫 有56种，分别为广腹同缘蝽、棒蜂缘蝽、梨蝽、三点苜蓿盲蝽、红脊长蝽、伯瑞象蜡蝉、大青叶蝉、杨白片盾蚧、棉蚜、柑橘木虱、白粉虱、白背粉虱、橘啮跳甲、中华萝藦叶甲、黄守瓜、甘薯叶甲、胡枝子克萤叶甲、二点钳叶甲、麦茎异跗萤叶甲、柳十八斑叶甲、花椒跳甲、茄二十八星瓢虫、大灰象、小杏象甲、铜绿丽金龟、黄褐丽金龟、无斑孤丽金龟、中华孤丽金龟、花椒凤蝶、碧凤蝶、玉带凤蝶、玉斑凤蝶、蓝凤蝶、宽带凤蝶、达摩凤蝶、波绿凤蝶、绿带翠凤蝶、巴黎凤蝶、黄凤蝶、窄斑翠凤蝶、山楂绢粉蝶、酪色绢粉蝶、大袋蛾、小袋蛾、木橑尺蠖、黄刺蛾、青刺蛾、盗毒蛾、柞蚕、樗蚕、绿尾大蚕蛾、黑带二尾舟蛾、客来夜蛾、红腹白灯蛾、榆叶斑蛾、稠李巢蛾等。

（4）花椒枝梢类害虫 有25种，分别为斑须蝽、麻皮蝽、茶翅蝽、全蝽、绿蝽、宽碧蝽、红足真蝽、平肩棘缘蝽、斑衣蜡蝉、脊菱蜡蝉、蚱蝉、蝼蛄、鸣鸣蝉、草蝉、片角叶蝉、糖槭蚜、桑盾蚧、槭树绵粉蚧、草履蚧、褐盔蜡蚧、瘤坚大球蚧、白蜡绵粉蚧、康氏粉蚧、吹绵蚧、花椒波瘿蚊。

（5）**花椒幼苗及根部类害虫**　有 17 种，分别为黄脊蝗斯、中华负蝗、棺头蟋蟀、黄褐油葫芦、东方蝼蛄、华北蝼蛄、棕色鳃金龟、华北大黑鳃金龟、小阔胫鳃金龟、大云鳃金龟、小云鳃金龟、大栗鳃金龟、黑绒鳃金龟、暗黑鳃金龟、黑皱鳃金龟、细胸叩头虫、宽背叩头虫。

（6）**危害花椒衰弱枝及半枯枝的害虫**　有 4 种，分别为台湾狭天牛、复纹狭天牛、莱莲梢小蠹、核桃咪小蠹。

（7）**危害花椒花的害虫**　有 5 种，分别为苹毛丽金龟、长毛花金龟、柄蚜花金龟、小青花金龟、白星花金龟。

当然这只是根据花椒害虫的主要危害类型划分的，有些害虫如斑须蝽、麻皮蝽、茶翅蝽、全蝽、绿蝽、宽碧蝽、红足真蝽等除主要危害嫩梢外，还危害叶、幼果；蝼蛄、鸣鸣蝉等除主要危害枝干外，也危害根部；三点苜蓿盲蝽、红脊长蝽、伯瑞象蜡蝉、大袋蛾、小袋蛾、木橑尺蠖等除主要危害叶外，还危害嫩枝、嫩梢；苹毛丽金龟、长毛花金龟、柄蚜花金龟、小青花金龟、白星花金龟等除主要危害花外，也危害芽、嫩叶；碧凤蝶、玉带凤蝶、玉斑凤蝶、蓝凤蝶、宽带凤蝶、达摩凤蝶、波绿凤蝶、绿带翠凤蝶、巴黎凤蝶、黄凤蝶、窄斑翠凤蝶、山楂绢粉蝶、酪色绢粉蝶等除主要危害叶外，也危害花和幼果；华北大黑鳃金龟、小阔胫鳃金龟、大云鳃金龟、小云鳃金龟、大栗鳃金龟、黑绒鳃金龟、暗黑鳃金龟、黑皱鳃金龟等除主要危害根部外，也危害叶和嫩梢等。

6. 害虫与天敌

害虫在生长发育过程中，常常由于其他生物的捕食或寄生而死亡，这些生物称为害虫的天敌。植物—害虫—天敌之间是一个三级营养互作的关系，害虫的天敌是抑制害虫种群十分重要的因素，在自然条件下，天敌对害虫的抑制能力可以达到 20%～30%。害虫的天敌主要包括病原微生物（病毒、细菌、真菌、支原体和立克次氏体）、线虫、蛛形纲和昆虫纲的捕食性及寄生性昆虫，以及一些脊椎动物。甘肃农业大学冯玉波等记载了甘肃省花椒产区害虫的天敌昆虫 24 种，主要有半翅目蝽科蜀敌蝽、姬蝽科泛希姬蝽、花蝽科小花蝽；鞘翅目瓢虫科二星瓢虫、红星唇瓢虫、七星瓢虫、异色瓢虫、中华显盾瓢虫、六斑月瓢虫、龟纹瓢虫、十二斑褐菌瓢虫、四川寡节瓢虫、多异瓢虫；脉翅目草蛉科丽草蛉、大草蛉、中华草蛉，粉蛉科中华啮粉蛉；双翅目食蚜蝇科斜斑鼓额食蚜蝇、大灰食蚜蝇；膜翅目啮小蜂科椒干瘿蚊啮小蜂，蚜小蜂科双带花角蚜小蜂，巨胸小蜂科翠绿巨胸小蜂、墨玉巨胸小蜂，小蜂科次生大腿小蜂。

7. 植物虫害的防治

（1）**植物虫害的防治原则** 植物虫害防治应该坚持"预防为主，综合防治"的植保方针，根据各种虫害的发生和传播规律，采用正确的化学、物理、生物相结合的综合防治方法，达到"治早、治小、治了"的目的，营造适合植物生长的环境。

① 减少越冬虫源。通过冬季清园，剪除虫枝、干枯枝和郁闭枝，清除杂草、落叶、枯枝并集中烧毁或深埋，可以减少虫源；在秋末冬初将虫害植物的翘皮、粗皮用刀刮净并集中烧毁，可消灭部分越冬成虫；秋末冬初铲除田间杂草，及时中耕深翻，排干积水，破坏害虫栖息和产卵场所，也可减少越冬虫源。

② 提高寄主植物的抗虫能力。加强寄主植物的土肥水管理，培养健壮树体，增强树体对虫害的抗性。

③ 控制或改造环境条件。使环境条件有利于寄主植物而不利于害虫，抑制虫害的发生和发展。

④ 群体预防为主。一般着重于植物群体的预防，因地因时根据植物虫害的发生、发展规律，采取综合防治措施。

⑤ 发挥农业生态体系中的有利因素。每项措施要能充分发挥农业生态体系中的有利因素，避免不利因素，避免公害和人畜中毒。

⑥ 获取最大的经济效益。使虫害压低到经济允许水平之下，

以获得最大的经济效益。

（2）植物虫害的防治方法　植物虫害防治的方法有植物检疫、抗虫育种、农业防治、化学防治、物理和机械防治、生物防治等。

① 植物检疫。是通过法律、行政和技术的手段，防止危险性植物病、虫、草和其他有害生物的人为传播，保障农林业的安全，促进贸易发展的措施。加强植物检疫，防止有害昆虫随种子、苗木和包装材料等从虫害区向无虫害区传播，特别要防止从国外输入危险性的有害昆虫。

② 抗虫育种。抗虫育种与一般育种相同，也可运用选择育种、杂交育种、回交转育等方法。进行抗虫育种工作的第一步就是寻找抗虫亲本。一般抗源多存在于虫害经常发生的地区，因此可在本地材料中筛选抗源，也可从世界各地所保存的种质资源中筛选，还可到野生亲缘植物中去寻找。

A. 选择育种。用选择育种法选育抗虫品种，必须在加强害虫的选择压力下才有效果。简单地说，即在经常严重发生虫害的地区或虫害严重流行的年份，才有较好的选择效果。

B. 杂交育种。抗虫育种最常用的方法是杂交育种，辅之以辐射诱变。掌握了抗源之后，可以通过杂交或远缘杂交，将抗虫特性转到综合性状良好的农艺亲本上去。

C. 回交转育。植物抗虫性有寡基因抗性和多基因抗性之别。前者是由一个或少数主效基因决定的，后者由多个微效基因决定。一般地说，寡基因抗性抗虫程度较强，但大面积推广以后抗性常会逐渐下降以致丧失。对于多基因抗性则可采用轮回选择方法。对于寡基因抗性，可采用回交育种法，将抗虫性转入综合性状优良的轮回亲本中去，但其抗虫性会逐渐下降，因此，当需要将数种抗虫性综合到一起，创造多抗性品种时，可采用逐步回交、聚合回交或复合杂交的方法。

③ 农业防治。是为防治植物虫害所采取的农业技术措施，可以调节和改善植物生态环境，创造有利于植物生长发育的环境以增强植物对虫害的抵抗力，创造不利于害虫发育或传播的条件，以控

制、避免或减轻虫害发生危害程度；可以提高抗虫、耐虫能力，减少虫害发生，降低虫害暴发速度。农业防治主要措施有选用抗虫品种、调整品种布局、选留健康种苗、轮作、深耕灭茬、调节播种期、合理施肥、及时灌溉排水、适度整枝打杈、搞好田间卫生和安全运输储藏等。

④ 化学防治。是使用化学药剂（杀虫剂、杀螨剂等）来防治害虫。一般采用浸种、拌种、毒饵、喷粉、喷雾和熏蒸等方法。其优点是收效迅速，方法简便，急救性强，且不受地域性和季节性限制。化学防治在虫害综合防治中占有重要地位，是迅速控制害虫危害的主要手段。但长期使用性质稳定的化学农药，不仅会增强某些害虫的抗药性，降低防治效果，还会污染农产品、空气、土壤和水域，危及人、畜健康与安全。

⑤ 物理和机械防治。是指利用物理因子或机械作用对害虫生长、发育、繁殖等的干扰，以防治植物虫害的方法。物理因子包括光、电、声、温度、放射能、激光、红外线辐射等；机械作用包括人力扑打、使用简单的器具器械装置，直至应用现代化的机具设备等。这类防治方法可用于害虫大量发生之前，或作为害虫已经大量发生危害时的急救措施。

⑥ 生物防治。是指利用一种生物防治另外一种生物的方法。害虫生物防治大致可以分为以虫治虫、以鸟治虫和以菌治虫三大类。它是降低害虫种群密度的一种方法。它利用了生物物种间的相互关系，以一种或一类生物抑制另一种或另一类生物。它的最大优点是不污染环境，是化学农药等非生物防治虫害方法所不能比的。生物防治的方法有很多，主要有：

A. 利用天敌防治。利用天敌防治害虫的方法，应用最为普遍。每种害虫都有一种或几种天敌，它们能有效地抑制害虫的大量繁殖。这种抑制作用是生态系统反馈机制的重要组成部分。利用这一生态学现象，可以建立新的生物种群之间的平衡关系。用于生物防治的生物可分为三类。

捕食性生物：包括草蛉、瓢虫、步行虫、钝绥螨、蜘蛛、蛙、蟾蜍、食蚊鱼、叉尾鱼以及许多食虫益鸟等。还有椒鸡（鸭、鹅）共生，如在荣昌无刺花椒园中养鸡（鸭、鹅）既可除草，还可施肥，且能有效防治蜗牛、蛞蝓等有害生物，协调生态，达到种椒、养殖生态效应的良性循环，促进绿色、有机花椒发展。

寄生性生物：包括寄生蜂、寄生蝇等。

微生物：包括苏云金杆菌、白僵菌等。

在中国，利用大红瓢虫防治柑橘吹绵蚧，利用白僵菌防治大豆食心虫和玉米螟，利用金小蜂防治越冬红铃虫，利用赤小蜂防治蔗螟等都获得成功。

B. 利用抗虫品种防治。即选育具有抗性的植物品种防治虫害。植物的抗虫性表现为忍耐性、抗生性和无嗜爱性。忍耐性是植物虽受害虫侵袭，仍能保持正常产量；抗生性是植物能对害虫的生长发育或生理机能产生影响，抑制它们的生活力和发育速度，使雌性成虫的生殖能力减退；无嗜爱性是植物对害虫不具有吸引能力。

C. 不育昆虫防治。是搜集或培养大量有害昆虫，用γ射线或化学不育剂使它们成为不育个体，再把它们释放出去与野生害虫交配，使其后代失去繁殖能力。美国佛罗里达州应用这种方法消灭了羊旋皮蝇。

D. 遗传防治。是通过改变有害昆虫的基因成分，使它们后代的活力降低，生殖力减弱或出现遗传不育。

此外，利用一些生物激素或其他代谢产物，使某些有害昆虫失去繁殖能力，也是生物防治的有效措施。利用生物防治虫害，不污染环境，不影响人类健康，具有广阔的发展前景。

（四）荣昌无刺花椒虫害防治技术

1. 蓝橘潜跳甲（花椒食心虫）

（1）分布与危害 蓝橘潜跳甲（*Podagricomela cyanea*）俗称花椒食心虫、蛀果虫、椒狗子等，属鞘翅目叶甲科。主要分布于秦岭西段山区的花椒种植区，其中在海拔 1 100～1 700 米的半山地带发生普遍，危害严重。除危害花椒果实、种子、幼芽、嫩叶、幼果外，还危害柑橘等其他芸香科植物。

（2）形态特征

① 成虫。长椭圆形，雌虫体长 3.6 毫米、宽 1.9 毫米，雄虫略小。头天蓝色，前胸背板、鞘翅均为紫蓝色，有金属光泽；体腹面棕褐色或部分呈黑褐色，触角基半部黄褐色，端半部棕褐色且多毛；足黑褐色，足基半部呈黄褐色；小盾片棕黑色。雄虫腹部末节的腹板有一半月形凹窝，内密生白色细毛。与该虫形态相似的种类还有花椒红胫跳甲，往往容易混淆，其主要区别为花椒红胫跳甲成虫体较小，翠绿色，无光泽；触角黑色，基部 4 节棕红色，各足节、胫节棕红色（即由此取名）；雄虫腹部末节中央具圆形凹窝，内密生白色细毛。

② 卵。卵圆形，长 0.7 毫米、宽 0.4 毫米，初产乳白色，后变为淡黄色，散产。

③ 幼虫。老熟幼虫体长 5～6 毫米，乳白色，略扁，头具纵沟，头、前胸背板及肛上板均为黑褐色。

④ 蛹。离蛹，体长 3～4 毫米，初化蛹时为白色，后逐渐变为黄色，复眼黑褐色，前胸背板与翅芽褐色，腹部末端有两个弯刺。

（3）生活史及习性

① 生活史。花椒的开花期是蓝橘潜跳甲成虫的活力盛期，成虫产卵在花序中，初孵幼虫潜居在嫩籽内危害，即食心虫发生于 3 月下旬至 4 月上旬，危害花椒幼果心造成花椒落果，严重者减产可达 30％～50％。

蓝橘潜跳甲每年发生 1 代，以成虫在树冠下及附近土内、土石缝隙中越冬，也有少数成虫在老树干的翘皮内越冬，第二年 4 月中旬花椒树发芽后，成虫陆续出蛰活动，取食幼芽、嫩叶。4 月底至 5 月初花梗伸长期至初花期成虫开始交配产卵，果实进入膨大期，幼虫孵化而出，蛀入花椒果实，取食幼嫩种子，经过 15～20 天即 6 月上旬幼虫老熟后离开果实落地，或随落果进入土内做土室化蛹，再经 10～15 天，即 6 月下旬开始羽化出土，7 月上旬进入盛期，7月下旬陆续蛰伏。

② 生活习性。成虫善跳，有假死性，白天活动，10：00～15：00最为活跃，16：00以后潜伏叶背；当温度低、遇大风大雨天气则潜伏在花椒树翘皮、石块或土块下面。成虫啃食花椒嫩叶，一般从叶缘食成缺刻或从中间食成孔洞。雌虫将卵散产于花序上或幼果上，每处1粒，卵期为6～8天。幼虫孵化后直接钻入幼嫩果实取食种子，幼虫蛀口往往有白色流胶。幼虫蛀口约有针尖大小，幼虫将果实食空后，再转移危害其他健果，出果孔径约1毫米。幼虫一生可转移危害3～7个幼果。幼虫几经辗转危害，严重时，花椒树上的果实可在6～7月脱落殆尽，不仅当年收获甚微，在8月还会引起花椒树二次萌生花序开花，影响第二年开花结实。幼虫老熟后钻入土内，在3～5厘米深的松散土层做椭圆形土室化蛹，蛹期10～15天，然后羽化为成虫。此代成虫多在花椒树叶背活动，但不再交尾、产卵，于7月底至8月上旬陆续蛰伏等待越冬。据调查，蓝橘潜跳甲在杂草丛生的非耕地和无中耕除草、不修剪、不施肥等管理不善的花椒园发生危害重；相反不但花椒树受害轻，而且生长旺盛。此外，在化蛹期间进行中耕除草，有破坏蛹室和蛹、降低虫口密度的作用。

(4) 防治方法

① 人工防治。一是5月中下旬，摘除被害幼果，及时深埋或烧毁，以消灭幼虫；二是6月上中旬进行中耕灭蛹；三是花椒收获后，于8月底至9月将花椒树翘皮、粗皮用刀刮净，集中烧毁，可消灭部分越冬成虫。

② 药剂防治。一是土壤处理。根据成虫在土内越冬的习性，在成虫尚未出土活动前，先将树下的土壤刨松，每公顷用40%甲基异柳磷乳油8千克，兑水450升，均匀喷洒沿树干半径1～1.5米范围内地面，然后浅耙混土。6月上旬按照上述方法，再进行药剂土壤处理1次。二是树上喷药。花椒现蕾期，用20%杀灭菊酯乳油3 000倍液、40%水胺硫磷乳油1 000～1 500倍液、50%敌敌畏乳油1 500倍液或90%万灵可湿性粉剂3 000倍液均匀喷雾，落

花后或果实膨大时，再喷 1 次，对防治树上的越冬成虫和初孵幼虫效果显著。在 3 月下旬可选用 10％稻腾悬浮剂 15 毫升，或 20％康宽悬浮剂 5 毫升，兑水 15 千克，喷施树冠防治，只需喷雾 1 次就能有效防治。也可选用 5％高效氯氟氰菊酯水乳剂 20 毫升，或 40％新农宝乳油 15 毫升，兑水 15 千克，防治 1～2 次。

2. 花椒蚜虫

（1）分布与危害 危害花椒的蚜虫主要有棉蚜、橘蚜两种。

① 棉蚜分布与危害。棉蚜（*Aphis gossypii*）又名花椒蚜、棉长管蚜，俗称蜜虫、腻虫、油旱、旱虫等，属同翅目蚜科。棉蚜是世界性害虫，分布广，危害重。除危害花椒的叶、枝、嫩果外，还危害其他约 74 个科 280 多种植物。

② 橘蚜分布与危害。橘蚜（*Toxoptera citricidus*）俗称旱虫、腻虫、蜜虫等，属同翅目蚜科。分布于全国各地。主要危害花椒、柑橘等芸香科植物的叶、枝、嫩果，也危害桃、柿、李等果树。

（2）形态特征

① 棉蚜形态特征。棉蚜无翅胎生雌蚜体长不到 2 毫米，身体有黄、青、深绿、暗绿等色。触角约为身体一半长。复眼暗红色。腹管黑青色，较短。尾片青色。有翅胎生蚜体长不到 2 毫米，体黄色、浅绿色或深绿色。触角比身体短。翅透明，中脉三叉。卵初产时橙黄色，6 天后变为漆黑色，有光泽。卵产在越冬寄主的叶芽附近。无翅若蚜与无翅胎生雌蚜相似，但体较小，腹部较瘦。有翅若蚜形状同无翅若蚜，二龄出现翅芽，向两侧后方伸展，端半部灰黄色。

② 橘蚜形态特征。橘蚜无翅胎生雌蚜全体漆黑色，复眼红褐色，触角 6 节均呈灰褐色。足胫节端部及爪黑色，腹管呈管状，尾片乳突状，上生丛毛。有翅胎生雌蚜与无翅型相似，有 2 对白色透明的翅，前翅中脉分三叉，翅痣淡褐色。无翅雄蚜与雌蚜相似，全体深褐色，后足特别膨大。卵椭圆形，初为淡黄色，逐渐变为黄褐色，最后为漆黑色，有光泽。若虫体褐色，复眼红黑色。

（3）生活史及习性 花椒蚜虫发生在每年的 4～8 月、10～11

月，成虫危害叶片、嫩枝梢，并传播病害和诱发煤烟病。

棉蚜在我国各地每年发生 20～30 代，以卵在花椒等寄主枝条上和杂草根部越冬。第二年 3 月下旬卵孵化后的若蚜称为干母，干母一般在花椒上繁殖 2～3 代后产生有翅胎生蚜，有翅蚜 4～5 月飞往其他寄主上产生后代进行危害，滞留在花椒上的棉蚜到 6 月上旬以后全部迁飞。8 月有部分有翅蚜从其他寄主上飞到花椒上，第二次取食危害，此时期正是花椒新梢的再次生长期。一般 10 月中下旬迁移棉蚜便产生性母，性母产生雌蚜，雌蚜与迁飞来的雄蚜交配后，在花椒枝条皮缝、芽腋、小枝杈、皮刺基部及杂草根部产卵越冬。棉蚜对花椒危害的轻重程度与气候有很大关系。春季气温回升快，繁殖代数增多，危害加重；秋季温暖少雨，不但有利于蚜虫迁飞，也有利于蚜虫取食和繁殖。

橘蚜由北向南每年发生 10～20 代，南方的福建、广东等大部分地区，全年都可进行孤雌生殖，无休眠现象。在北方以卵在枝干上越冬，3～4 月孵化，以晚春盛发，危害春梢严重，至晚秋产生有性蚜，进行交配，11 月产卵越冬。

（4）防治方法

① 人工防治。一是秋末及时清洁花椒园，拔除园内、地埂杂草，减少蚜虫部分越冬场所。二是枝条上越冬卵多时，应该及时剪除烧毁。

② 药剂防治。一是于 4 月蚜虫发生初期和 6～7 月花椒采收后，用 25%唑蚜威乳油 1 500～2 000 倍液、24.5%爱福丁 3 号乳油 1 500～2 000 倍液、1.45%捕快可湿性粉剂 800～1 000 倍液或 20%好年冬乳油 1 000～1 500 倍液，均匀喷雾。二是花椒萌芽期或果实采收后，用 50%甲拌磷乳油与柴油按 1∶100 制成混液，在树干 30～50 厘米高处涂一条 3～5 厘米宽的药环，治蚜效果较好。三是在蚜虫发生初期可选用 70%吡虫啉水分散粒剂 3 克，或 10%吡虫啉可湿性粉剂 10 克，兑水 15 千克防治。70%吡虫啉水分散粒剂的药效持效期可长达 15～25 天。

③ 生物防治。我国利用瓢虫、草青蛉等治蚜已收到很好效果。

在花椒园中恒定保持瓢虫与蚜虫 1：200 左右的比例，便可不用药而利用瓢虫控制蚜虫。橘蚜的天敌有草蛉、瓢虫、食蚜蝇、蚜茧蜂等数十种，这些天敌对抑制橘蚜危害有一定的作用。瓢虫、草青蛉等，对棉蚜的发生抑制作用较大。

3. 花椒红蜘蛛

（1）分布与危害　花椒红蜘蛛（*Tetranychus viennensis*），俗称山楂叶螨或山楂红蜘蛛，属真螨目叶螨科。广泛分布于全国各地，在花椒主要产区均有发生。食性杂，可危害 110 多种植物，除危害花椒叶片外，还危害梨、桃、杏等多种果树、林木的叶片。

（2）形态特征

① 成螨。雌成螨体卵圆形，长 0.55 毫米，体背隆起，有细皱纹，有刚毛，分成 6 排。雌成螨有越冬型和非越冬型之分，前者鲜红色，后者暗红色。雄成螨体较雌成螨小，长约 0.4 毫米。

② 卵。花椒红蜘蛛的卵呈圆球形，半透明，表面光滑，有光泽，橙红色。后期产卵颜色渐渐变为浅黄色或淡黄色。

③ 幼螨。花椒红蜘蛛初孵化幼螨乳白色，越冬代幼螨红色，非越冬代幼螨黄色，圆形，有淡绿色的足 3 对。

④ 若螨。花椒红蜘蛛若螨体近卵圆形，有翠绿色的足 4 对，体侧有明显的块状色素。

（3）生活史及习性　花椒红蜘蛛每年发生 6～9 代，以受精雌成螨越冬。在花椒发芽时开始危害。第一代幼螨在花序伸长期开始出现，盛花期危害最盛。交配后产卵于叶背主脉两侧。花椒红蜘蛛也可孤雌生殖，其后代为雄螨。每年发生的轻重与该地区的温湿度有很大关系，高温干旱花椒红蜘蛛发生严重。一年有二次高发生期，3～5 月是第一次高发生期，9～10 月是第二次高发生期，红蜘蛛以吸食叶片汁液危害，造成叶片变黄直至落叶，危害严重时造成花椒减产达 30％左右。

（4）防治方法

① 生物防治。害螨有很多天敌，如一些捕食螨类、瓢虫等，田间尽量少用广谱性杀虫剂，以保护天敌。

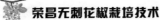

② 药剂防治。一是在花椒红蜘蛛发生初期（叶螨量 3～5 头时）应及时防治，使用低毒持效期长的农药进行防治效果最好，可选用 24% 螨危悬浮剂 4～5 毫升，或 1.8% 刀刀红 8 毫升，或22.4% 亩旺特悬浮剂 4～5 毫升，兑水 15 千克，喷施树冠，每年在3～7 月和 9～10 月各防治 1 次即可。二是在若螨基数较大（叶螨量在 10 头以上）时选用 24% 螨危悬浮剂 5 毫升＋1.8% 刀刀红 8毫升，兑水 15 千克，喷施树冠，药效持效期长达 45 天。三是抓住4～5 月花椒红蜘蛛盛孵期、高发期这两个关键时期，用 73% 炔螨特乳油 3 000 倍液喷雾防治。

4. 花椒半跗线螨

（1）分布与危害 花椒半跗线螨（*Polyphagotarsonemus latus*）又名侧多食跗线螨、茶黄螨、茶嫩叶螨、茶半跗线螨，属真螨目跗线螨科。分布于全国各地。食性极杂，寄主植物广泛，已知寄主达 70 余种。除危害花椒、柑橘等芸香科植物的叶、嫩茎、嫩枝、幼果外，还危害茶、葡萄等多种作物及蔬菜。

（2）形态特征

① 雌成螨。长约 0.21 毫米，体躯阔卵形，体分节不明显，淡黄至黄绿色，半透明有光泽。足 4 对，沿背中线有 1 条白色条纹，腹部末端平截。

② 雄成螨。体长约 0.19 毫米，体躯近六角形，淡黄至黄绿色，腹末有锥台形尾吸盘，足较长且粗壮。

③ 卵。长约 0.1 毫米，椭圆形，灰白色，半透明，卵面有 6排纵向排列的泡状突起，底面平整光滑。

④ 幼螨。近椭圆形，乳白色半透明，躯体分 3 节，足 3 对。

⑤ 若螨。长椭圆形，两端较尖，半透明，足 4 对。处于静止期的若螨不取食，蜕一次皮即为成螨。

（3）生活史及习性 花椒半跗线螨在热带和温室条件下，全年都可繁殖，四川、重庆每年发生 25～31 代，浙江、甘肃陇南每年发生 20～25 代，以雌成螨在嫩叶背、芽鳞内和芽腋等处越冬。气温 28～30 ℃时 5 天左右完成 1 代，18～20 ℃时 10 天左右完成 1

代。发生高峰期在 4～5 月和 7～11 月，在花椒、柑橘上以 6 月、9 月繁殖最盛，危害严重。以吸食叶片汁液危害，花椒叶受害后叶背部呈黄褐色斑点，并向叶背弯曲，芽叶萎缩直至枯死，花椒果实受害后变为褐色。

花椒半跗线螨主要进行两性生殖，也可孤雌生殖，未受精的卵孵化率在 40% 左右，多为雄性。雌成螨一生可产卵 30 余粒，多达 100 粒，卵散产于嫩叶背面、嫩芽和果凹等处。卵期、幼螨、若螨期各 2～3 天。生长发育适温为 25～30 ℃，相对湿度为 80%～90%，成螨在 40% 以上的湿度条件下即可正常生殖。

（4）防治方法

① 人工防治。一是选用抗病品种，培育无虫壮苗进行栽植，同时合理施肥、灌水，增强树势。二是晚秋落叶后，种植覆盖植物，如藿香蓟等，改变小气候和生物组成，使其不利于害螨而有利于益螨的发生。三是及时铲除田间杂草，清除枯枝落叶，减少越冬场所。

② 药剂防治。药剂防治花椒半跗线螨的最佳施药时期是开花前。

A. 冬季至春季花椒树发芽前。可结合防治其他害虫，喷 45% 晶体石硫合剂 50～80 倍液或 97% 机油乳剂 120～140 倍液。

B. 开花前。防治花椒半跗线螨最有效的药物是阿维菌素系列生物农药，如 1.8% 阿维菌素乳油 2 000 倍液等，一般每隔 10 天用药 1 次，连续防治 3 次，防效良好。或用 15% 哒螨酮可湿性粉剂 3 000 倍液防治，效果也较好。还可选用 45% 晶体石硫合剂 150 倍液、25% 尼索螨醇乳油 1 500 倍液、4.1% 霸螨特乳油 4 000 倍液或 15% 螨绝代乳油 2 000 倍液，均匀喷雾。注意药剂的轮换使用，避免叶螨产生抗药性。

C. 花椒半跗线螨发生初期。可选用以下药剂进行喷雾，一般每隔 7～10 天喷 1 次，连喷 2～3 次，喷药重点主要是植株上部嫩叶、嫩茎、花器和嫩果，注意轮换用药。可选用 24% 螨危悬浮剂 4 毫升或 1.8% 刀刀红 8 毫升，兑水 15 千克，喷施树冠的叶片背部为主。还可选用 35％杀螨特乳油或 73％炔螨特乳油或 20％复方浏阳霉素乳油 1 000 倍液，或 5％卡死克乳油或 20％螨克乳油或 25％灭螨猛可湿性粉剂 1 000～1 500 倍液，或 20％三氯杀螨醇乳油或 25％喹硫磷乳油或 20％哒嗪硫磷乳油 1 500 倍液，或 40％环丙杀螨醇可湿性粉剂 1 500～2 000 倍液，或 5％尼索朗乳油或 50％三环锡可湿性粉剂或 21％增效氰马乳油（灭杀毙）或 2.5％联苯菊酯水乳剂（天王星，可兼防白粉虱）3 000 倍液，或 0.9％爱福丁乳油 3 500～4 000 倍液，喷雾防治。半跗线螨发生严重时，使用 24％螨危悬浮剂 4 毫升＋1.8％刀刀红 8 毫升，兑水 15 千克，喷雾叶背面，防治 2～3 次。

还可试用长效内吸注干剂，用 YBZ－Ⅱ型树干注射机，注入长效内吸注干剂；也可用 4～5 毫米钢钉或水泥钉，在距地面 50～80 厘米树干处斜向下 45°打孔，孔深 3～4 厘米，再用橡胶皮头滴管或兽用注射器注入注干剂。用药量可借用林木计算法确定，先量树干胸径，然后换算或查出直径，每厘米直径注入药量 0.5 毫升。胸径 10 厘米以上的花椒树，应通过试验适当加大用药量。此法可兼治多种蛀干害虫。

③ 生物防治。注意保护和利用捕食螨、小花蝽及蓟马等田间天敌，也可人工引进释放天敌，以控制花椒半跗线螨的发生危害。在天敌大发生时，可以不喷药或少喷药。

5. 花椒凤蝶、玉带凤蝶

(1) 分布与危害

① 花椒凤蝶分布与危害。花椒凤蝶（*Papilio xuthus*），又名黄黑凤蝶、柑橘凤蝶、春凤蝶、黄波罗凤蝶、黄纹凤蝶，俗称花椒虎、黄凤蝶，属鳞翅目凤蝶科。分布于全国各花椒、柑橘产区。主要危害花椒、山楂、柑橘、黄菠萝等植物的叶、芽。

② 玉带凤蝶分布与危害。玉带凤蝶（*Papilio polytes*）又名黑凤蝶、白带凤蝶、缟凤蝶等，属鳞翅目凤蝶科。该虫分布于全国各地花椒、柑橘产区。主要危害花椒、山椒、柑橘等芸香科植物的叶、花、幼果。

（2）形态特征

① 花椒凤蝶形态特征。

A. 成虫。有春型和夏型两种。春型体长 21～24 毫米，翅展 69～75 毫米；夏型体长 27～30 毫米，翅展 91～105 毫米。雌成虫略大于雄成虫，色彩不如雄成虫艳，两型翅上斑纹相似，体淡黄绿至暗黄色，体背中央有黑色纵带，两侧黄白色。前翅黑色近三角形，近外缘有 8 个黄色月牙斑，翅中央从前缘至后缘有 8 个由小渐大的黄斑，中室基半部有 4 条放射状黄色纵纹，端半部有 2 个黄色新月斑。后翅黑色；近外缘有 6 个新月形黄斑，基部有 8 个黄斑；臀角处有一橙黄色圆斑，斑中心为一黑点，有尾突。

B. 卵。近球形，直径 1.2～1.5 毫米，初黄色，后变深黄色，孵化前紫灰至黑色。

C. 幼虫。体长 45 毫米左右，黄绿色，后胸背两侧有眼斑，后胸和第一腹节间有蓝黑色带状斑，腹部第四节和第五节两侧各有 1 条蓝黑色斜纹分别延伸至第五节和第六节背面相交，各体节气门下线处各有一白斑。臭腺角橙黄色。一龄幼虫黑色，刺毛多；二龄至四龄幼虫黑褐色，有白色斜带纹，虫体似鸟粪，体上肉状突起较多。

D. 蛹。体长 29～32 毫米，鲜绿色，有褐点，体色常随环境而变化。中胸背突起较长而尖锐，头顶角状突起中间凹入较深。

② 玉带凤蝶形态特征。

A. 成虫。玉带凤蝶成虫体长 25～28 毫米，翅展 77～95 毫米。全体黑色。头较大，复眼黑褐色，触角棒状，胸部背有 10 个小白点，成 2 纵列。

雄蝶：只有一个型态。以黑色为主，有尾突，前翅外缘有一列向顶角由大至小排列的白斑，后翅中区有 7 个横列白斑，外缘或配有红色新月形斑纹，翅膀正反面相似。白斑横贯全翅似玉带，故得名。

雌蝶：拥有多个型态。一是 Form *cyrus*，其雌性玉带凤蝶与雄性相似，不过后翅红色新月形斑纹发达。此型尤其在红珠凤蝶及南亚联珠凤蝶较少出没的地方最为常见。二是 Form *stichius*，其雌蝶与红珠凤蝶造成拟态，斑纹极为相似，但身体呈黑色。三是 Form *romulus*，其雌蝶与南亚联珠凤蝶造成拟态，同样可以用身体颜色确认。

B. 卵。球形，直径 1.2 毫米，初淡黄白色，后变深黄色，孵化前灰黑至紫黑色。

C. 幼虫。幼虫体长 45 毫米，头黄褐色，体绿至深绿色，前胸有 1 对紫红色臭腺角。后胸肥大与第一腹节愈合，后胸前缘有一齿形黑色横纹，中间有 4 个灰紫色斑点，两侧有黑色眼斑；第二腹节前缘有一黑色横带；第四腹节、第五腹节两侧各有一黑褐色斜带，带上有黄、绿、紫、灰色斑点；第六腹节两侧各有一斜形花纹。幼虫共 5 龄：初龄黄白色，二龄黄褐色，三龄黑褐色，一龄至三龄体上有肉质突起和淡色斑纹，似鸟粪；四龄油绿色，体上斑纹与老熟幼虫相似。

D. 蛹。长 30 毫米，体色多变，有灰褐、灰黄、灰黑、灰绿等，头顶两侧和胸背部各有一突起，胸背突起两侧略突出似菱角形。

(3) 生活史及习性

① 花椒凤蝶。四川、重庆每年发生 3～5 代，西北地区每年发生 2～3 代，甘肃陇南每年发生 3 代，兰州每年发生 2 代，以蛹附着在枝干及其他比较隐蔽的场所越冬。此虫有世代重叠现象，4～10 月可看到成虫、卵、幼虫和蛹。在陇南地区各代成虫出现期分别为 4～5 月、6～7 月和 8～9 月。成虫白天活动，飞行力强，吸食花蜜。成虫交尾后，产卵于枝梢嫩叶尖端，卵散产，一处 1 粒。幼虫孵出后先吃去卵壳，再取食嫩叶；三龄后食尽嫩叶，老叶片仅留主脉。幼虫受惊后从前胸背面伸出臭腺角，分泌臭液，放出臭气驱敌；老熟后在叶背、枝干等隐蔽处吐丝固定尾部，再吐一条细丝将身体挂在树干上化蛹。天敌有多种寄生蜂，可寄生在花椒凤蝶幼虫、蛹体上，对控制该虫发生有一定作用。

② 玉带凤蝶。每年春末夏初，雌蝶在花椒、柑橘等植物的叶

片上产卵，一次一枚，可产多枚。广东、福建每年发生 5～6 代，浙江、江西、四川每年发生 4～5 代，河南每年发生 3～4 代，甘肃陇南每年发生 3 代左右。浙江黄岩各代成虫发生期依次为 5 月上中旬、6 月中下旬、7 月中下旬、8 月中下旬、9 月中下旬，广东各代成虫发生期依次为 3 月上中旬、4 月上旬至 5 月上旬、5 月下旬至 6 月中旬、6 月下旬至 7 月、7 月下旬至 10 月上旬、10 月下旬至 11 月。以第六代蛹在枝干及叶背等隐蔽处越冬，越冬蛹期 103～121 天。成虫、幼虫习性与花椒凤蝶相似。

（4）防治方法

① 人工防治。一是秋末冬初及时清除越冬蛹。二是 5～10 月人工摘除幼虫和蛹并集中烧毁。三是人工捕杀成虫。

② 药剂防治。幼虫发生时，特别是二龄以前，喷洒 80％敌敌畏乳油 1 500 倍液、90％晶体敌百虫 1 000 倍液、20％杀灭菊酯乳油 3 000 倍液、40％敌马乳油 1 500 倍液、40％菊杀乳油 1 000～1 500 倍液、2.5％保得乳油 2 000 倍液、4.5％高保乳油 2 500 倍液，效果良好。

③ 生物防治。一是以菌治虫。用 7805 杀虫菌或青虫菌（100 亿个/克）400 倍液喷雾，防治幼虫。二是以虫治虫。将凤蝶金小蜂和广大腿小蜂等寄生蜂寄生的越冬蛹，从花椒枝上剪下来，放置室内，寄生蜂羽化后放回花椒园，使其继续寄生，控制凤蝶发生数量。三是以鸟治虫。悬挂人工鸟巢招引，保护益鸟，捕食凤蝶幼虫、蛹和卵粒。四是建园时要远离柑橘园，以减少寄主植物。

6. 花椒桑拟轮蚧、吹绵蚧、矢尖蚧

（1）分布与危害

① 花椒桑拟轮蚧分布与危害。花椒桑拟轮蚧（*Pseudaulacaspis pentagona*）又名桑盾蚧、桑拟轮盾蚧、桑白蚧等，属同翅目盾蚧科。分布于热带和暖温带地区。除危害花椒枝干和叶片外，也危害桑树、桃树等多种经济林木。

② 吹绵蚧分布与危害。吹绵蚧（*Icerya purchasi*）又称白条介壳虫、绵团介壳虫，俗称白蚰、白蝉等，属同翅目绵蚧科。分布

于我国东北、华北、西北、华中、华东、华南、西南，在国外分布于日本、朝鲜、菲律宾、印度尼西亚和斯里兰卡，欧洲、非洲、北美洲也有分布。除危害花椒枝干、叶片、嫩芽、新梢外，还危害黄杨、柑橘、苹果、桃、蔷薇、月季、海桐、牡丹、冬青、石榴、无花果、木瓜、梅花、含笑、刺槐、马尾松等多种植物。

③ 矢尖蚧分布与危害。矢尖蚧（*Unaspis yanonensis*）又称箭头蚧、矢根介壳虫、箭头介壳虫等，广泛分布于河北、山西、陕西、江苏、浙江、福建、湖北、湖南、河南、山东、江西、广东、广西、四川、重庆、云南、安徽等省份。以雌成虫、若虫固着于叶片、果实和嫩梢上吸食汁液。叶片和嫩梢被害处形成黄斑，导致叶片畸形、卷曲、枝叶干枯，削弱树势甚至枯死。果实受害处成黄绿色，外观差。严重影响树势、产量和果实品质，还可诱发煤烟病。

（2）形态特征

① 花椒桑拟轮蚧形态特征。

A. 成虫。

a. 雌成虫。雌介壳圆形，略隆起，直径 2.0～2.5 毫米，灰白色或黄白色，与树皮相似；蜕皮位于前端，黄白色。雌成虫倒梨形，略成五角形。腹部分节明显，每节的侧缘突出成圆瓣。触角具 1 根长毛，互相靠近。前气门腺 6～17 个，后气门腺无或少数。中后胸及臀前腹节腹面具腺刺。前胸、中胸亚缘区有小腺管分布。臀叶 5 对，中臀叶发达，三角形，端圆，内缘二凹刻，外缘三凹刻，基部轭连，其间具 2 根小刚毛；第二臀叶分为 2 叶，外叶较内叶小，均端圆；第三、第四、第五臀叶呈齿状突出。腺刺发达，端部分叉或否。背腺管粗短，从腹部第二节至第五节排成亚缘和亚中组。第六腹节无背腺管或偶见亚中背腺管。边缘斜口腺管与背腺管同样大小，每侧 7 个。腹面亚缘区有少数小腺管分布。肛门位于臀板中央。阴腺 5 群。

b. 雄成虫。雄介壳长筒形，白色，背面有 3 条纵脊线，蜕皮位于前端，黄白色。雄成虫体宽 0.2～0.24 毫米，体长 0.64～0.9 毫米，体黄褐色，触角 10 节，有毛，翅灰白色，透明，卵圆形被细毛，后翅特化为平衡棒，腹部尖，末端生有针状生殖刺，其长度为体长的 1/3。

B. 卵。椭圆形，宽 0.12～0.14 毫米，长 0.25～0.29 毫米，初产卵为白色，后逐渐变为黄色，近孵化时变为橘红色，有的用针一拨即可摇动。

C. 若虫。初孵若虫粉红色，扁椭圆形，具眼、触角和足，且能四处爬动，腹末有 2 根尾毛，两只眼之间有 2 个腺孔，分泌细长的丝状物覆盖身体背面及两侧，初孵若虫雌雄难以分辨。其宽 0.14～0.2 毫米、长 0.28～0.34 毫米。二龄若虫的眼、触角、足和尾毛均已退化，二龄雌若虫体形似雌成虫，其宽 0.26～0.29 毫米、长 0.34～0.4 毫米；二龄雄若虫体形较狭长，其宽 0.18～0.24 毫米、长 0.34～0.38 毫米。

D. 蛹。仅雄性具有蛹，为裸蛹，黄褐色，包在长筒形的雄介壳内，体呈长卵形，外观可见黑色眼点，其宽 0.24～0.3 毫米、长 0.7～0.92 毫米。

② 吹绵蚧形态特征。雌成虫椭圆形或长椭圆形，橘红色，表面生有黑色短毛，背面被有白色蜡粉，并向上隆起，而以背中央向上隆起较高，腹面则平坦，腹部末端有半圆形白色绵状卵囊。眼发达，具硬化的眼座，黑褐色。触角黑褐色，位于虫体腹面头前端两侧，触角 11 节，第一节宽大，第二节和第三节粗长，第四节至第十一节皆呈念珠状，每节生有若干细毛，但第十一节较长，其上细毛也较多。足 3 对，较强劲，黑色胫节稍有弯曲；爪具 2 根细毛状爪冠毛，较短。腹气门 2 对，腹裂，3 个。虫体上的刺毛呈毛状，沿虫体边缘形成明显的毛群。多孔腺明显分为两种类型，大小相差不多，较大的中央具一个圆形小室和周围一圈小室，较小的中央具一个长形小室和周围一圈小室。雌成虫初无卵囊，发育到产卵期则渐渐生出白色半卵形或长形的隆起卵囊，很突出，不分裂，但有明显的纵行沟纹，约 5 条，卵囊与虫体腹部约为 45°角向后伸出。雄成虫细长暗红色，有灰黑色前翅 1 对，后翅及口器退化，能飞，但飞翔力不强，也不能危害植物。

③ 矢尖蚧形态特征

A. 成虫。

a. 雌成虫。雌介壳长 2.0～3.5 毫米，棕红色，前端尖，后端宽，正中有 1 条纵脊，形似箭尾，第一次蜕皮壳留在介壳的前端。雌成虫体长约 2.5 毫米，橙黄色，胸部长度约占体长的 1/3，明显分为 3 节。口喙长。臀板上有臀叶 3 对，中央 1 对臀叶分 2 叶，臀棘成刺状。肛孔圆形，位于臀板背中偏前方。

b. 雄成虫。雄介壳长 1.25～1.65 毫米，狭长，粉白色，背面有 3 条纵脊。雄成虫体长 0.5～0.8 毫米，细长，橙黄色，具翅 1 对，透明，腹末交尾器尖，约与体等长。

B. 卵。长约 0.18 毫米。椭圆形，橙黄色。

C. 幼虫。初孵幼虫体长 0.23～0.25 毫米，草鞋形，橙黄色。触角、足发达，能爬行。蜕皮位于前端，淡褐色。二龄幼虫长椭圆形，淡黄色，口针细长，触角和足已消失，介壳为 3 束白色蜡质絮状物，壳点也位于介壳前端。

D. 蛹。前蛹长卵形，长 0.7～0.8 毫米，橙黄色，腹末黄褐色，眼黑褐色。蛹体长 0.8～0.9 毫米，色较前蛹深黄，触角已见分节，尾节的交配器突出。

(3) 生活史及习性

① 花椒桑拟轮蚧。一般每年发生 2 代。该虫以第二代受精雌虫在花椒树的枝条及树干上越冬。3 月下旬，当花椒开始萌动后，越冬雌虫开始吸食寄主汁液，虫体迅速膨大、隆起。4 月下旬开始产卵，5 月上中旬为产卵盛期。卵期平均 15 天，5 月上旬卵开始孵化，盛期在 5 月中旬，末期在 5 月下旬。一龄若虫期一般为 15 天，6 月上旬开始蜕皮进入二龄若虫期。二龄若虫期一般为 15～20 天。6 月中旬，雄若虫开始蜕皮，到 6 月下旬则多数进入蛹期。6 月下旬雌若虫也多数蜕皮而进入雌成虫期。蛹期 7～10 天，到 6 月末至7 月上旬多数羽化为成虫。第一代雄成虫羽化高峰为 7 月上旬，与第一代雌成虫交配后很快死亡。第一代雌成虫于 7 月中旬开始产卵，7 月下旬为产卵盛期。8 月上旬至 8 月中旬为若虫孵出高峰期，

8月下旬雄虫进入蛹期，8月底至9月初绝大多数雌若虫蜕皮进入成虫期，9月上中旬第二代雄成虫羽化，与第二代雌成虫交配，受精后的雌成虫不再发育，在花椒树的枝干上越冬。

② 吹绵蚧。每年发生代数因地而异，我国南部每年发生3～4代，长江流域每年发生2～3代，以若虫、成虫或卵越冬。浙江每年发生2代，第一代卵3月上旬始见，少数早至上年12月，5月为产卵盛期，卵期13.9～26.6天；若虫5月上旬至6月下旬发生，若虫期48.7～54.2天；成虫发生于6月中旬至10月上旬，7月中旬最盛，产卵期达31.4天，每雌产卵200～679粒。7月上旬至8月中旬为第二代卵期，8月上旬最盛，卵期9.4～10.6天；若虫7月中旬至11月下旬发生，8～9月最盛，若虫期49.2～106.4天。

③ 矢尖蚧。福建沙县每年发生4代，江西、四川、重庆等大部分地区每年发生3代，主要以未产卵雌成虫在叶背及枝条上越冬，部分产卵雌成虫和二龄幼虫也可以越冬。越冬代成虫的高峰持续期从当年12月至翌年4月长达5个月以上。江西于4月下旬至5月上旬开始产卵，各代幼虫高峰期分别为5月中下旬、7月上中旬、9月上中旬。雄成虫有群集叶背危害、趋光性很强、扑灯扑火的习性。雌虫分散危害，交配后在一定的温度下开始产卵。只能行两性生殖。卵产在介壳下母体后端，每雌虫各代平均产卵量第一代1478粒、第二代338.7粒、第三代165.1粒。卵的孵化率很高，可达87％～100％。初孵若虫行动活泼，到处爬行，活动1～3小时后即固定吸食汁液。足逐渐变小，次日体上开始分泌蜡质，2～3天后虫体中部分泌灰色薄蜡质，并盖住虫体后部。蜕皮3次后即为蛹。

（4）防治方法 花椒介壳虫发生后，可通过刷壳涂干、更新复壮、药剂防治、生物防治等进行综合治理。在花椒介壳虫发生初期选用22.4％亩旺特悬浮剂5毫升，或70％吡虫啉水分散粒剂5克＋40％新农宝乳油20毫升，兑水15千克，喷雾防治1～2次。特别是22.4％亩旺特悬浮剂的持效期长达45天，药剂在植物中能上下传导，不但能防治介壳虫，也能有效防治花椒蚜虫和红蜘蛛等虫害。

① 农业防治。一是冬季彻底清园，剪除严重的虫枝、干枯枝和郁闭枝，减少虫源，改善通风透光条件。二是随时检查，用手或用镊子捏去雌虫和卵囊，或剪去虫枝、叶并烧毁。三是冬季和春梢萌发前喷松脂合剂 8～10 倍液，或 95％机油乳剂 60～100 倍液，消灭越冬虫卵。

② 药剂防治。

A. 花椒桑拟轮蚧药剂防治。花椒桑拟轮蚧危害最为严重的是一、二龄若虫期，防治的最佳时期是一龄若虫期。在花椒桑拟轮蚧一龄若虫孵化分泌蜡质前，可使用 0.3％苦参碱水剂 250～300 倍液，或 0.36％苦参碱水剂 300～350 倍液、1％苦参碱可溶性液剂 800～1 000 倍液、2％苦参碱水剂 1 500～2 000倍液均匀喷雾防治；也可用 2％噻虫啉微囊悬浮剂 1 000～2 500 倍液，通过机动喷雾器喷雾，将药液喷洒在树干、树枝等有桑拟轮蚧的地方，以树皮微湿为准，严重时可适当提高用量；还可用 3％高渗苯氧威乳油（沙隆达）3 000～4 000 倍液均匀喷雾枝干，效果最好，杀虫死亡率在 90％以上，最高可达 98％。二龄若虫以后，无论是用 0.3％苦参碱水剂喷雾，还是 2％噻虫啉微囊悬浮剂 1 000～2 500 倍液喷雾防治，防治率均在 84％左右。

B. 吹绵蚧药剂防治。在吹绵蚧初孵若虫散发转移期，可喷施 40％氧乐果乳油 1 000 倍液，或 50％杀螟松乳油 1 000 倍液，或用普通洗衣粉 400～600 倍液，每隔 2 周左右喷 1 次，连续喷 3～4 次。

C. 矢尖蚧药剂防治。矢尖蚧可选用 50％乙酰甲胺磷乳油 800 倍液喷施。

③ 生物防治。

A. 花椒桑拟轮蚧生物防治。花椒桑拟轮蚧天敌有双带花角蚜小蜂、中华圆蚧蚜小蜂等寄生性天敌和二双斑唇瓢虫、红点唇瓢虫等捕食性天敌，一般寄生、捕食率平均为 20％，高的可达 70％，应该充分利用这些天敌开展生物防治，有效控制其危害蔓延，真正达到绿色防治的目的。

B. 吹绵蚧生物防治。保护或引放大红瓢虫、澳洲瓢虫，捕食吹绵蚧，这是在生物防治史上最成功的事例之一，因其捕食作用大，可以达到有效控制的目的。

C. 矢尖蚧生物防治。矢尖蚧天敌有日本方头甲、整胸寡节瓢虫、湖北红点唇瓢虫、矢尖蚧蚜小蜂和花角蚜小蜂等。在矢尖蚧发生 2～3 代时应注意保护和利用这些天敌。

7. 花椒蜗牛

（1）分布与危害 花椒蜗牛，属软体动物门腹足纲柄眼目蜗牛科植食性陆栖软体动物。花椒蜗牛主要危害花椒的树干、树枝、叶、果等，危害严重时造成花椒树死亡。花椒蜗牛啃食花椒叶片背面形成凹陷，危害叶片正面导致表皮焦枯；啃食枝条皮层形成斑块状凹陷，危害严重时导致枝条枯死。食性很杂，除危害花椒外，还能危害粮油作物、蔬菜、中药材、绿化林木、花卉、杂草和多种果树，取食的方法是用齿舌刮食花椒树的叶片和果实，主要以成龄、幼龄蜗牛在树上危害，受害叶片呈现大小不等的孔洞和缺刻，造成花椒园减产，经济效益降低。太小的幼龄蜗牛主要在地面取食腐化的叶片及杂草。蜗牛在树上边取食边排粪便，分泌出的黏液留在枝干叶片和果实上，形成一层白色透亮的膜，既污染果品又容易招致病害发生。

（2）形态特征

① 卵。呈圆球形，直径 1.5～2 毫米，初产时白色，略透明，似一粒尿素，后变成褐色，将孵化时变成浅灰黑色。

② 幼体。刚孵化的幼体，肉体为乳白色，体长 2 毫米，贝壳呈淡黄色，半透明，触角深蓝色，幼体主要取食土壤中的腐殖质，约 100 天后即可达到性成熟。

③ 成体。壳面黄褐色，有 5～6 个螺层，壳上有细的生长线，在螺层的周缘和缝合线上有的有一条暗褐色色带，但有的无此色带，壳顶尖，缝合线深，壳口呈马蹄形，外缘向外弯折，遮住脐孔的大部，脐孔小而浅。壳内肉体柔软，背部为褐色，有网状纹。头

部有 2 对触角，上面一对长触角且顶端有眼，起触觉和视觉作用，下面一对短触角只起嗅觉作用。腹足肥厚，为运动器官。当环境条件不适宜时，能分泌黏液，形成白膜封住壳口，以防止体内水分蒸发及寒冷的侵袭而呈休眠状态，度过不良环境。

(3) 生活史及习性 花椒蜗牛每年发生 1 代。3~4 月开始为害花椒，7~8 月高温干旱时潜伏在花椒园区周边阴暗潮湿环境中或者花椒树干上越夏，降水后湿度增大会即刻取食，9 月随气温下降、秋雨增多，活动越趋频繁，11 月花椒蜗牛以成体、幼体潜伏在花椒园枯枝落叶、杂草丛、潮湿的土壤中越冬。栽植过密、通风不良、湿度大、栽培管理粗放、杂草丛生的花椒园，蜗牛危害明显。

(4) 防治方法 蜗牛防治要采取农业防治、生物防治及化学药剂防治相结合的综合防治方法，单一措施很难奏效。

① 农业防治。

A. 中耕除草。铲除田间杂草，及时中耕深翻，排干积水，破坏蜗牛栖息和产卵场所。

B. 人工捕捉。部分蜗牛上树后不下来，白天躲在叶背或者树干背光处，可结合花椒树修剪进行人工捕捉，集中深埋或沤肥，减少蜗牛数量。

C. 中耕爆卵。利用蜗牛遇到阳光和干燥空气会爆裂的习性，雨后晴天或 6 月中旬产卵高峰期中耕翻土，使卵暴露土表而爆裂，可明显减轻危害。

D. 树干绑草或塑料布。将田间或花椒树周围的杂草收割后晒干备用，选用 30~35 厘米长、叶片少、茎秆较硬的杂草，先在树干距地面 35~40 厘米处缠绕一个 1 厘米厚的草圈并固定，然后在草圈下方 1~2 厘米处均匀围一圈干草，再用 30 厘米宽、40~50 厘米长的尼龙绳或 25~50 厘米长的细铁丝捆绑，完成后树干上所围的草圈呈喇叭状，喇叭口朝上，等绑缚固定好以后再向外翻朝下。用树干绑草法防治花椒蜗牛，防效可达 90% 以上。如果只绑塑料布，防效较低，一般为 60%~80%。

E. 涂胶法。春季在蜗牛没有上树之前，在树干距地面25～30厘米处用粘虫胶涂一圈，此法还可防治红蜘蛛、白蜘蛛、绿盲蝽等一切靠爬行上树的害虫。

② 药剂防治。在蜗牛初发期，可使用6％四聚乙醛颗粒剂在上午露水未干或日落到天黑前喷雾土面或在雨后傍晚每亩500～650克撒施在花椒树周围进行诱杀，防治效果较为明显。也可用国光诺施伏颗粒剂每亩250～550克撒施在花椒树冠投影内的土面上防治。雨后天晴时在蜗牛头部外露时喷药效果更佳。对上一年秋季受蜗牛危害严重的花椒幼苗（树），可在春季蜗牛开始活动时，结合施肥，在每株树蔸部撒施6％四聚乙醛颗粒剂9～10粒，可收到理想防治效果；对于在秋季受蜗牛危害严重的花椒幼苗（树），宜在越夏蜗牛出来活动时，再在土面上每亩撒施用6％四聚乙醛颗粒剂500克拌细土10千克制成的毒土1次。

③ 生物防治。可利用步行虫、捕猎鸟类、蜥蜴等天敌捕食蜗牛，部分有条件的地区可在花椒地放养鸡、鸭、鹅等家禽捕食蜗牛。据有关资料报道，一只受过食蜗训练的鸭子，3～5月可食掉蜗牛1.3万头。

九、

荣昌无刺花椒的果实采收及采收后的整形修剪

（一）荣昌无刺花椒的果实采收

1. 采收时期

荣昌无刺花椒一般在 6～7 月采收，具体时间依气候条件、市场需求而定。根据荣昌无刺花椒的不同用途，按以下要求进行采收。

（1）保鲜花椒采收时期 6～7 月上旬，果实青绿色、香气浓郁、油胞清晰可见时采收保鲜花椒。

（2）晒制或烘烤干花椒采收时期 6 月上旬至 7 月下旬，果实深青绿色、香气浓郁、油胞饱满并略突起时采收干制花椒。

（3）制油青花椒采收时期 6 月下旬至 8 月上旬，果实深青绿色并略微发暗、香气极浓郁、油胞明显突起时采收制油青花椒。

（4）种椒采收 8 月下旬至 9 月上旬，果实由绿色转为紫红色、有少量种皮开裂时采收种花椒。

2. 采收方式

荣昌无刺花椒一般宜带枝采收，采收和修剪同时进行。

（1）保鲜花椒采收方式 一般在 6～7 月上旬，以采收鲜花椒为主的，修剪与采收同时进行，选择强壮结果枝组，在侧枝基部 5～10 厘米处短截修剪并带枝采收，同时剪除病虫枝、干枯枝、重叠枝、交叉枝、密生枝、细弱枝，促进潜伏枝生长，预留少量辅助枝，预留更新枝。

修剪后及时选用 70%丙森锌可湿性粉剂 25 克或 70%吡虫啉水

分散粒剂 3 克，兑水 15 千克，喷雾树干及枝干，防止伤枝感病，并促进枝芽生长和防治蚜虫。

（2）晒制或烘烤干花椒采收方式　一般在 6 月上旬至 7 月上旬采收干制花椒的，采收方式与保鲜花椒采收方式一致；7 月中下旬，以采收干制花椒为主的，也可修剪与采收同时进行，在结果枝基部 10～20 厘米处进行短截修剪并带枝采收，适当保留 3～5 个辅养枝，预留更新枝。

（3）制油青花椒采收方式　一般在 6 月下旬至 7 月上旬采收制油青花椒的，采收方式与保鲜花椒采收方式一致；7 月中下旬采收制油青花椒的，采收方式与干制花椒采收方式一致；8 月上旬采收制油青花椒的，在结果枝基部 20～30 厘米处进行短截修剪并带枝采收，同时疏除徒长枝，保留 5～8 个辅养枝，预留更新枝。

（4）种椒采收方式　一般在 8 月下旬至 9 月上旬采收种花椒的，在结果枝基部 20～30 厘米处进行短截修剪并带枝采收，同时疏除徒长枝，保留 5～8 个辅养枝，预留更新枝。

（二）荣昌无刺花椒采收后的整形修剪

荣昌无刺花椒采收后的整形修剪主要包括结果枝的压枝整形修剪和花椒摘心调控修剪。

1. 结果枝的压枝整形修剪

根据荣昌无刺花椒树的生长状况，及时对分枝角度不够或着生位置不好的立生枝、徒长枝进行拉、压、吊，改变分枝角度，增强光合作用，使之转化为翌年优良的结果枝。

压枝（拉枝）整形修剪时间应选择在 10 月 15 日至 11 月底进行，生长较强的荣昌无刺花椒树宜早压枝（拉枝），生长较弱的荣昌无刺花椒树宜迟压枝（拉枝），压枝（拉枝）应选择在下大雨后的数日内进行，由于雨后湿度大容易改变枝条方向，能够增大枝条的角度。

2. 花椒摘心调控修剪

为了控制荣昌无刺花椒的顶端优势，促进花芽分化，在 11 月下旬至 12 月荣昌无刺花椒的休眠期，对其所有的结果枝都要进行摘心控梢处理，通过摘心控梢处理能有效调节荣昌无刺花椒营养平衡，起到促进枝条成熟老化和花芽分化的作用。

十、荣昌无刺花椒的保鲜加工与利用

（一）荣昌无刺花椒冷藏保鲜方法

1. 鲜花椒冷库储藏

荣昌无刺花椒鲜花椒冷库储藏的工艺流程为：采收→筛选→预冷→控温控湿→控氧控碳→储藏。

其具体步骤和要求如下：

（1）采收 为了更好地储藏保存荣昌无刺花椒的鲜花椒，应该在晴天或阴天采收鲜花椒，禁止在雨天和有雾天采收鲜花椒，以防止积水，引起鲜花椒储藏期腐烂。采收后必须及时摊晒，不能堆放太久。

（2）筛选 荣昌无刺花椒的鲜花椒采收后，应该按照大小品质进行分级，同时剔除腐烂、损伤、病虫、畸形的鲜花椒，选择颗粒饱满、光泽油亮的荣昌无刺花椒鲜花椒备用。

（3）预冷 预冷是荣昌无刺花椒鲜花椒储藏的必要环节。预冷的主要目的是抑制鲜花椒的呼吸强度从而提高鲜花椒保鲜储藏的商品率和降低鲜花椒的脱水率。一般使用强制风预冷，预冷时间不超过 48 小时。鲜花椒如果不进行预冷处理，其表皮就会褐变，产生霉味等。

（4）控温控湿 荣昌无刺花椒鲜花椒储藏适宜的温度为 $0 \sim 2 ℃$，冷库相对湿度控制在 $80\% \sim 85\%$。鲜花椒储藏过程中，主要需注意冷库内温度的稳定，温度过高过低都不利于储藏，温度过高会加速鲜花椒的腐烂，过低又会产生冻害。鲜花椒安全储藏温度应该控制在 $\pm 1 ℃$ 范围内，即冷库温度上下波动不宜超过 $1 ℃$，冷库内温度波动过大容易造成鲜花椒滋生霉菌、色泽变黑，从而增加鲜花椒的霉变腐烂概率。如果库内湿度不足时，可以用普通空气加湿器或微波空气加湿器进行加湿，以保持库内湿度稳定。

(5) 控氧控碳 对气调保鲜冷库通过定期通风换气，使荣昌无刺花椒鲜花椒储藏库内的氧气浓度控制在 $5\%\sim10\%$、二氧化碳浓度控制在 $5\%\sim10\%$。

(6) 储藏 荣昌无刺花椒鲜花椒采用冷库储藏，可以储藏保鲜 $2\sim3$ 个月。用冷库储藏 80 天后的荣昌无刺花椒鲜花椒还能够基本保持色泽不变、麻味不变、香味不变、品质不变，而损耗率仅为 9.5%，商品率可达到 90% 以上，短期储藏效果较好。

荣昌无刺花椒鲜花椒在储藏过程中会产生大量乙醛、乙醇、乳酸等有害物质，如果需要长期储藏则需要每隔 12 小时定期通风换气 2 小时。

2. 鲜花椒液氮低温速冻保鲜

荣昌无刺花椒鲜花椒液氮低温速冻保鲜的工艺流程为：采收→筛选→杀青→沥水涂膜→速冻→包装→储藏。

其具体步骤和要求如下：

(1) 采收 选择晴天 8:00～9:00，采收表皮呈深绿色、颜色鲜亮、油胞明显突起的荣昌无刺花椒果实，采收后装入容器的荣昌无刺花椒果实量应该低于容器容积的 70%，以免碰破油胞。

(2) 筛选 将采收的荣昌无刺花椒果实进行筛选，去除杂质，选择颗粒饱满、光泽油亮的花椒果实备用。

(3) 杀青 将选好的荣昌无刺花椒果实静置于温度为 $45\sim80\ ℃$、水盐重量比为 $1\,000:1\sim1\,000:3$ 的淡盐水中，并浸泡 $5\sim10$ 分钟进行杀青，使其断生。

(4) 沥水涂膜 将杀青好的荣昌无刺花椒果实平铺，并沥干果实表皮上面的水分，使其表皮上没有明显水渍即可，静置使其自然冷却，然后在花椒果实上使用喷淋头喷淋质量分数为 1% 的壳聚糖溶液，要求壳聚糖溶液中的壳聚糖微粒粒径为 $20\sim30$ 纳米。

(5) 速冻 将沥水涂膜好的荣昌无刺花椒果实放置于 $-90\sim-60\ ℃$ 的液氮速冻机速冻 $10\sim15$ 分钟。

（6）**包装** 将速冻好的荣昌无刺花椒果实使用软包装密封袋按500克/袋进行包装。包装分为两种方式，一种为真空包装，一种是向包装里填充惰性气体氮气包装。

（7）**储藏** 将包装好的荣昌无刺花椒果实放置于2～5 ℃的冷库低温储藏保存。液氮冷冻保鲜方法能最大限度地保障荣昌无刺花椒果实的新鲜度和有效成分，保存时间比普通方式保存的时间长2～3年。

3. 荣昌无刺花椒干花椒储藏保鲜

荣昌无刺花椒干花椒储藏保鲜应充分考虑到花椒的干燥方式、储藏温度、包装材料、包装方式和颗粒度等因素。市场上通用的编织袋盛装、常温储藏的方式不利于花椒的保鲜，应根据生产实际情况，综合考虑以上因素，选择合适的储藏方式保鲜荣昌无刺花椒干花椒，提高荣昌无刺花椒的经济价值和食用价值。

（1）**干燥方式** 新鲜花椒采收之后需要进行干燥处理，降低其水分含量，以便储藏和运输。常用的花椒干燥方式有自然晾晒和烘干处理。自然晾晒是将采收的新鲜花椒平铺在阳光充足的地面上进行晾晒，当日晒干的花椒品质是最好的，但自然晾晒受天气条件约束较大。烘干是采用煤或电或气对新鲜花椒进行加热干燥处理，需注意控制升温速度，避免花椒跑油而品质下降。热风干燥、微波干燥、真空干燥等干燥技术在最近几年也开始应用于花椒的干燥，并以开口率、色泽、香气、麻味等指标来评价花椒干燥品质，但进行试验研究得多，均未被规模化应用。杨瑞丽通过花椒的自然晾晒和烘干试验发现，烘干处理对花椒麻味物质和挥发油的损失较自然晾晒大，品质较自然晾晒稍差，这对其后期的储藏保鲜也有较大影响。

（2）**储藏温度** 市场上通常采用编织袋盛装干花椒并进行常温储藏，随着储藏时间的增加，花椒的品质会大打折扣。宋莹莹研究结果表明，选用温度为2～5 ℃的冷库低温储藏保存，能更好地保留花椒麻味物质，因为低温密封避光储藏能有效延缓挥发油的损失而有利于花椒麻味物质的保留，高温加快花椒挥发油的损失而减少花椒麻味物质。

（3）包装材料　不同的包装材料因其厚度、透氧量、透湿量等性能参数不同，对荣昌无刺花椒干花椒的保鲜效果也不同。宋莹莹试验表明，采用铝箔真空包装（真空度 0.085 兆帕），保留花椒麻味物质效果最好，即使在较高储藏温度下也能较好地保留花椒麻味物质。

（4）包装方式　杨瑞丽研究结果表明，常温条件下采用真空包装（真空度 0.085 兆帕）的干花椒麻度损失率最小，为 4.39%。

（5）颗粒度　荣昌无刺花椒的风味物质主要存在于果皮油胞中，油胞破裂会加剧风味物质的损失，因此，保证花椒颗粒的完整性有利于花椒的保鲜。杨瑞丽研究发现，整粒花椒、压片花椒、100 目碎花椒在冷藏过程中花椒的麻味物质呈降低趋势，麻度损失率分别为 24.14%、54.26%、98.08%，粉碎程度越大，麻度损失越大。粉碎程度越大，花椒的挥发油损失越多，但适当的粉碎则有利于香气成分的散出。在常温下，相对于碎花椒，整粒花椒麻味物质保留较多，更易于储藏。

综上所述，干花椒原料的储藏保鲜最好是选择当日晒干的整粒干燥果实（也可选择烘干的整粒干燥果实），采用铝箔真空包装（真空度 0.085 兆帕），置于 2～5 ℃的冷库低温储藏。

（二）荣昌无刺花椒的干制花椒加工

1. 烘干加工

（1）烘干方法　采收后的枝果或净果宜采用平床烘干或自动化带式烘干。

① 平床烘干。底部向上送热风（供热），干燥时间 28～36 小时。

② 自动化带式烘干。多层、多点精确送热风（供热），干燥时间 12～14 小时。

（2）烘干步骤

① 装料。将鲜花椒平铺于烘干机烤架或传送带上，应保证花椒受热均匀、通风快速。

② 烘干流程。鲜花椒烘干需先后经历常温去淤热、低温预热干燥、中温匀速干燥、高温加速干燥 4 个阶段。

③ 温度控制。烘干过程中的温度控制，因设备种类、设备规格、烘干方式的不同而不同。常用设备的烘干温度控制可参照表 10 - 1、表 10 - 2。

表 10 - 1　平床烘干温度控制参照

流　程	介质温度 （℃）	净果干燥周期（小时）		枝果干燥周期 （小时）
		烘干箱规格 2 米×（2～3）米	烘干箱规格 2 米×（4～5）米	
常温去淤热	常温	3～5	5～7	3～4
低温预热干燥	30～35	3～6	6～8	3～5
中温匀速干燥	35～40	12～16	14～17	8～10
高温加速干燥	40～45	5～6	5～8	4～6
烘干周期		28～33	34～36	19～24

注：水分较重的花椒应延长去淤热时间。

表 10 - 2　自动化带式烘干温度控制参照

流　程	介质温度 （℃）	净果干燥周期 （分钟）	枝果干燥周期 （分钟）
常温排湿	常温	20～30	20～30
低温预热干燥	30～35	300～360	240～300
中温匀速干燥	35～40	240～270	240～300
高温加速干燥	40～45	120～240	100～120

④ 筛分。烘干后的花椒降温后，应及时进行人工或机械筛分，除去果仁、果枝、叶片及果柄等杂质。

2. 晒制加工

晒制加工按以下步骤进行。

（1）摊　选择光线好、日照时间长、清洁卫生的晒场。于晴天9：00以前将采收的鲜花椒轻轻地薄摊至晒场的干燥地面，摊放均匀，果穗不重叠、不挤压。

（2）晒　选择阳光充足天气晒制，晾晒过程中不翻动，晒至85％以上花椒果壳开裂。晒制需一天内完成。

（3）除杂　晾晒后的干花椒应用人工或机械方式及时筛除果仁、果柄、果枝、叶片等杂质。

（4）凉　整理后的干青花椒放在阴凉处或干燥室内降温。

（三）荣昌无刺花椒的花椒粉加工

1. 直接粉碎法

将洁净的干制花椒粒用专用粉碎机粉碎，并用1 600目的筛网过筛，然后灌袋分装并严密封口，即为花椒粉成品。

2. 炒制粉碎法

将洁净的干制花椒粒放入炒锅中，用文火炒制，炒制过程中要一边炒一边用锅铲不停地翻搅；也可以直接用炒货机在120～130 ℃下炒制6～10分钟，然后取出自然冷却至室温，再用粉碎机粉碎至80～100目，最后按量分装到塑料薄膜复合袋中并严密封口，即为花椒粉成品。

（四）荣昌无刺花椒籽油加工

花椒籽含有27％～31％的花椒籽油，且出油率达20％～25％。花椒籽油是花椒的副产物，是用花椒籽经压榨等加工方式而得到的、不掺任何其他食用油的一种食用价值较高的纯正植物油，其不饱和脂肪酸比例达90％，α-亚麻酸含量高达30％，还含有强抗氧化的薄荷酮物质，这些都是构成人体组织细胞的重要成分，是人体健康所需的物质，具有软化血管、通络活血、健脑益智的功效，能有效防治心脑血管疾病。根据国家标准《花椒籽油》（GB/T 22479）的规定，可采用压榨方法得到花椒籽油，其加工工艺流程为：花椒籽→破碎→榨油→水化处理→成品油→灌装包装。

1. 花椒籽

挑选优质的花椒进行脱皮处理，将脱皮后的籽粒进行干燥处理，确保含水量保持在 5%～10%，采用色选、风选设备去除干制花椒籽中的泥土等杂质。

2. 破碎

将干燥花椒籽倒入高速花椒籽破碎机进行破碎，破碎颗粒粒径 40～60 目。

3. 榨油

采用螺旋榨油机或液压压榨机对破碎的花椒籽进行低温压榨，压榨温度为 25～37 ℃，制得花椒籽毛油。

4. 水化处理

将经沉降的毛油通过板框过滤机过滤后送入水化罐进行水化处理。

5. 成品油

将水化处理的毛油进行脱水干燥、脱酸处理后即可得到精制的花椒籽油。

6. 灌装包装

将精制的花椒籽油采用全自动花椒油灌装机进行灌装包装。包装材料可采用矩形铁罐或圆柱形玻璃瓶。

（五）荣昌无刺花椒麻香油加工

花椒麻香油的加工是利用花椒果皮中所含的麻香成分，经油炸、浸泡的工艺流程，使麻香成分浸渗到植物油中。

做法：先将食用植物油倒入油锅内，加热到 120 ℃使油沫散后，停止加热，然后冷却到 30～40 ℃，将干净的花椒果皮按 1.5：100 的重量比例放进冷却后的油内浸泡 30 分钟左右。再将花椒果皮和植物油混合物加热到 100 ℃，之后冷却至 30 ℃，如此反复加热、冷却 2～3 次后用离心机 1 600～2 000 转/分钟的速度离心除去果渣等杂质，过滤液即为花椒麻香油。经静置澄清，冷却至室温便可装瓶上市。过滤后的花椒果皮可粉碎制成花椒粉食用。用此法加工花椒麻香油时，要严格掌握油温。油温过高时会使麻味素受到破坏，芳香物质也会迅速挥发；油温过低时不能使麻味素和芳香物质充分溢出，从而影响产品质量。

附录　荣昌无刺花椒周年管理工作历

时间	物候期	管理任务	技术措施
1月	越冬期	冬季清园，越冬病虫害防治，施促花壮芽肥	1. 继续清除花椒园的杂草、落叶、枯枝，并将落叶烧毁或深埋 2. 对上年12月没有进行树干保护和越冬病虫害防治的花椒树，树冠喷洒3～5波美度的石硫合剂，铲除枝条上越冬虫卵，用生石灰15千克、硫黄0.25千克、食盐1千克、机油0.05千克，加水10千克制成涂白剂涂抹树干 3. 对树势较差的花椒园可提前至1月中旬以后施促花壮芽肥，选施低氮高钾的复合肥，如施用46%美丰比利夫复合肥（17-7-22）＋有机肥，施肥量占全年施肥的10%左右
2月	芽前期	追施促花壮芽肥，花芽调节，松土保墒，补栽缺窝，防治食心虫	1. 对1月未施肥的花椒树，在2月上旬根据树体大小、产量高低确定以平衡或高钾型复合肥为主的促花壮芽肥的追肥量；树体黄化、落叶严重的可通过叶面喷施含多种中微量元素的肥料进行补充 2. 于2月中旬根据花椒花芽形态分化生长情况和落叶状况喷施醒苞药和促花药调节花芽；醒苞药可选用花歌＋高手／巨能硼＋果通，也可选用花歌＋奔福＋福锌／瀚生锌＋滴禾／益亩良田 3. 及时松土并整理好树盘，确保春雨来时能保水，同时防除杂草，防治越冬病虫

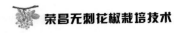

（续）

时间	物候期	管理任务	技术措施
2月	芽前期	追施促花壮芽肥，花芽调节，松土保墒，补栽缺窝，防治食心虫	4. 新栽花椒树密度不达要求的，发芽前补栽缺窝 5. 在2月中下旬经常检查果园，刮去树干粗翘皮，集中烧毁，杀死越冬害虫；同时刮除流胶病病斑，涂抹防护油青，预防该病继续危害；观察蚜虫、红蜘蛛发生动态，并注意花椒园的排涝及肥水管理
3月	开花期	防晚霜，保花保果，防治花椒跳甲	1. 防晚霜，可以采用25波美度石硫合剂500倍液对整株花椒树进行喷施，或采用熏烟方式不断提高花椒园中的温度，有效应对晚霜冻害 2. 花期可喷0.2%硼砂+0.3%尿素或0.3%～0.5%磷酸二氢钾保花保果 3. 于3月下旬对树冠喷洒功夫3 000倍液消灭花椒跳甲，剪除带有病虫的枝条并烧毁，或用氧乐果5倍液10毫升/株涂抹树干
4月	谢花期和保果期	防除杂草，小苗管理，保花保果，防治病虫害，修剪新枝，施壮果肥	1. 浅耕除草，主要除去花椒地面树盘内的杂草 2. 花椒树苗移栽30天后在腐熟的人畜粪内加3%～5%的尿素，作为追肥，同时可用2%～3%的尿素+磷酸二氢钾根外追肥；选用70%吡虫啉3克+24%螨危4毫升，兑水15千克，防治蚜虫、红蜘蛛 3. 于4月上中旬使用10%稻腾1袋或2.5%敌杀死12毫升，兑水15千克，防治食心虫，同时使用多聚硼1袋兑水30千克+优聪素，喷雾保花保果促进生长

（续）

时间	物候期	管理任务	技术措施
4月	谢花期和保果期	防除杂草，小苗管理，保花保果，防治病虫害，修剪新枝，施壮果肥	4. 及时抹除多余无用的新梢和内膛徒长枝、斜生枝，确保结果枝的营养分配和花椒果实营养的需要 5. 于4月上中旬施用含磷和钾较高的复合肥或有机复合肥（严禁施纯氮肥）作为壮稳果肥（果实膨大追肥），占全年施肥量的10%左右，促进花椒果实壮大
5月	果实膨大期	开沟排湿，喷果实膨大剂，防治树干害虫、蚜虫和根腐病，开张主枝角度，抹除多余萌生枝	1. 搞好花椒园开沟排湿，同时用30%根府咛25克，兑水10～15千克，涂抹或灌根防治花椒根腐病 2. 用花椒壮蒂灵胶囊1粒，兑水15千克，搅拌溶解后喷雾于荣昌无刺花椒植株表面，促进果实发育和膨大 3. 选用绿豪等喷雾防治吉丁虫，用斗蜗螺等防治蜗牛 4. 于5月上旬早晨或下午树冠喷洒5%灭蚜净3 500倍液或10%吡虫啉可湿性粉剂3 000～4 000倍液防治花椒蚜虫，并剪除萎蔫的花序及复叶并烧毁。下旬树冠喷洒2.5%功夫乳油1 000～3 000倍液消灭吉丁虫成虫。下旬蝉害严重的花椒园，喷绿色威雷防治雅氏山蝉成虫或在枝条上绑5～10个塑料条，长度以随风摇动不缠而能惊扰蝉为宜 5. 清除杂草，并将杂草覆盖在地面树盘内 6. 采取别、坠、拉等方法开张主枝角度至50°，并及时抹除多余萌生枝

（续）

时间	物候期	管理任务	技术措施
6月	采果期	施催芽肥，采收鲜花椒，下桩后喷伤口药，防治跗线螨、蚜虫和树干害虫	1. 在采果前10～15天因地制宜施好催芽肥，以施用高氮低钾的复合肥为主，可以选择在降水前后施用40%美丰比利夫复合肥（28-6-6）＋有机肥，或51%美丰比利夫复合肥（17-17-17）＋有机肥，也可以施用40%撒可富复合肥，以上肥料均可撒施在树盘滴水处，也可以兑清粪水灌施或穴施，然后进行土壤覆盖。施肥量占全年施肥的50%左右 2. 在采果时，通过下桩的方式（保留桩头长度3～5厘米）短截结果母枝，仅留少量抽水枝为宜 3. 建议在下桩当天使用国光植优美＋络利生，全株喷施，重点喷施剪口，促进花椒芽体萌发，提高萌芽整齐度 4. 使用国光松尔膜＋蚧必治进行主干主枝涂刷，形成一层白色致密无缝的白色膜衣，可以减少日灼，降低介壳虫、吉丁虫等树干害虫危害枝干的概率
7月	采果期	采收干制花椒，下桩后喷伤口药，防治落叶病和流胶病	1. 选晴天及时采收花椒并晒制干花椒。采收后及时进行除草、整形修剪和病虫害防治，尤其注意搞好对流胶病等的防治 2. 在下桩当天使用国光植优美＋络利生，全株喷施，重点喷施剪口 3. 于7月下旬树冠喷洒0.3%～0.5%磷酸二氢钾溶液，同时树冠喷洒70%甲基托布津可湿性粉剂1 000倍液防治花椒落叶病 4. 长期干旱应在早晨灌水，并及时抹除多余的萌生枝

（续）

时间	物候期	管理任务	技术措施
8月	新梢生长高峰期	追肥，疏枝，控梢	1. 看天、看地、看树适当补施追肥，其施肥量占株年需肥量的50%，叶面喷施2次适量的锌、钙、镁、钾肥等，促进新枝生长并为花芽分化奠定基础 2. 在新梢长度20厘米以上时进行疏剪枝，剪除纤弱枝、内膛枝、下垂枝、交叉枝、重叠枝、竞争枝、徒长枝、过密枝等无保留价值的枝条，保留基部直径1.2～1.8厘米的结果枝40～60枝，并确保在10月摘尖时保持结果枝的长度为100～130厘米 3. 针对花椒树生长势，在新梢长至60～80厘米时对全株喷施控梢药剂15%多效唑可湿性粉剂200～400倍液或25%多效唑悬浮剂400～600倍液，使树体营养生长转化成生殖生长，抑制主梢疯长，促进枝条木质化和花芽分化，多开花、多坐果，减少落果；同时将直立或开张角度小的枝条，采用拉、别、压等方法使其改变为水平或斜上方向生长，改变枝条顶端优势，缓和枝条长势，促进花芽形成和枝条成熟老化，使结果部位内移；结合控梢药剂配合施药防治花椒锈病、叶斑病、红蜘蛛、半跗线螨、蚜虫等病虫害
9月	枝梢生长期	控梢，疏枝，防病虫，收老，保叶，促花	1. 在8月喷施控梢药20天后再喷1次15%多效唑可湿性粉剂200～400倍液或25%多效唑悬浮剂400～600倍液控梢 2. 第二次疏枝。重点剪除病虫枝、枯死枝 3. 预防锈病、半跗线螨。及时选用70%丙森锌可湿性粉剂25克，兑水15千克，喷雾1次预

时间	物候期	管理任务	技术措施
9月	枝梢生长期	控梢，疏枝，防病虫，收老，保叶，促花	防锈病，用24%螨危悬浮剂4毫升＋1.8%刀刀红8毫升，兑水15千克，喷雾叶背面2～3次防治半跗线螨 4.喷2次收老药。第一次每亩用5%烯效唑可湿性粉剂30克＋能元库（99%磷酸二氢钾）100克，兑水30千克，混匀喷雾；第二次每亩用5%烯效唑可湿性粉剂40克＋能元库（99%磷酸二氢钾）200克，兑水40千克，混匀喷雾。隔15天喷1次 5.保叶药。病害发生前，花椒树全株叶面喷施植生源＋稀施美＋必治 6.促花药。喷植生源1 000～1 500倍液或赤霉酸5～15毫克/千克，促进花芽分化
10月	枝条老化期	疏枝，收老，压枝，保叶，促花	1.第三次疏枝。根据树势生长情况确定保留结果枝数量，剪除多余枝条，并对保留结果枝进行摘尖处理 2.喷第三次收老药。每亩用5%烯效唑可湿性粉剂50克＋能元库（99%磷酸二氢钾）200克，兑水40千克，混匀喷雾 3.宜在10月中下旬选择几天前下过大雨的阴天或晴天，采用枝钩拉压、竹竿压枝、铁耙压枝等方法进行压枝 4.喷保叶药。花椒树全株用植生源＋稀施美＋必治进行叶面喷雾保叶 5.促花药。喷植生源1 000～1 500倍液或优丰2 000～3 000倍液，促进花芽分化

（续）

时间	物候期	管理任务	技术措施
11 月	生理落叶期	施越冬肥	看树施肥，可施用51%美丰比利夫复合肥＋有机肥，施肥量占全年施肥的10%左右，促进花芽分化
12 月	越冬期	清园，剪断顶梢，树干保护，越冬病虫害防治	1. 将花椒园内容易造成有害生物越冬的枯枝、病虫枝、落叶、杂草等全部清理出园外进行掩埋、焚烧等处理 2. 做好冬季修剪，疏除病枝、虫枝及枯枝，修剪后不留桩，同时剪断顶梢，枝梢随剪随涂国光膜泰，做到均匀周到涂刷而覆盖整个剪口与剪口边缘 3. 刮除花椒树干上的病斑、虫卵、翘皮等，然后使用含药的松尔膜（松尔膜＋国光丙溴·辛硫磷＋健领）进行树干涂白，形成一层含药的致密无缝的白色膜衣，破坏病菌和害虫越冬场所，阻隔病虫侵入树体，保护树干 4. 使用国光辛菌胺＋国光丙溴·辛硫磷进行全园（树体、土壤表层）喷施，杀灭在枝干裂缝、土壤表层的病菌和害虫，降低越冬病虫基数，减少第二年病虫害的发生

参考文献

陈江琳，沈旭，孙美，2019. 干花椒保鲜研究进展 ［J］. 中国食品（5）：12.

韩素芹，2004. 花椒麻香油的加工 ［J］. 云南农业科技（6）：3.

吕玉奎，2017. 花椒新品种荣昌无刺花椒 ［J］. 农村百事通（9）：25.

吕玉奎，蒋成益，杨文英，等，2017. 荣昌无刺花椒优良品种选育报告［J］. 林业科技，42（2）：18－21.

吕玉奎，杨文英，王玲，等，2020a. 荣昌无刺花椒管护技术研究 ［J］. 林业科技，45（5）：17－21.

吕玉奎，杨文英，王玲，等，2020b. 荣昌无刺花椒优树选择及抗逆性观察 ［J］. 林业科技，45（6）：17－21.

马寅斐，葛邦国，赵岩，等，2014. 花椒深加工及综合利用技术研究 ［J］. 中国果菜，34（12）：52－55.

唐静，王玲，杨文英，等，2020a. 荣昌无刺花椒嫁接繁育技术研究 ［J］. 基层农技推广，8（5）：23－26.

唐静，王玲，杨文英，等，2020b. 荣昌无刺花椒丰产栽培技术研究 ［J］. 基层农技推广，8（7）：24－28.

杨建雷，王洪建，2015. 陇南花椒丰产栽培及主要病虫害防治技术 ［M］. 兰州：甘肃科学技术出版社.

杨文英，王玲，吕玉奎，2019，等. 荣昌无刺花椒与九叶青花椒主要品质特征比较分析 ［J］. 四川林业科技，40（6）：60－64.

图书在版编目（CIP）数据

荣昌无刺花椒栽培技术／吕玉奎，陈泽雄主编．—北京：中国农业出版社，2021.4

（高素质农民培育系列读物）

ISBN 978-7-109-27980-3

Ⅰ.①荣… Ⅱ.①吕… ②陈… Ⅲ.①花椒—栽培技术 Ⅳ.①S573

中国版本图书馆 CIP 数据核字（2021）第 051709 号

中国农业出版社出版

地址：北京市朝阳区麦子店街 18 号楼
邮编：100125
责任编辑：郭　科
版式设计：王　晨　　责任校对：刘丽香
印刷：中农印务有限公司
版次：2021 年 4 月第 1 版
印次：2021 年 4 月北京第 1 次印刷
发行：新华书店北京发行所
开本：880mm×1230mm　1/32
印张：5.5
字数：200 千字
定价：25.00 元
